U0163258

中华生活经典

酒谱

【宋】窦苹著
石祥编著

中華書局

图书在版编目(CIP)数据

酒谱/(宋)窦苹著;石祥编著. —北京:中华书局,2010.9(2021.9重印)

(中华生活经典)

ISBN 978-7-101-07526-7

Ⅰ.酒… Ⅱ.①窦…②石… Ⅲ.①酒-文化-中国-古代②酒-基本知识 Ⅳ.TS971 TS262

中国版本图书馆CIP数据核字(2010)第148023号

书　　名　酒　谱
著　　者　〔宋〕窦　苹
编 著 者　石　祥
丛 书 名　中华生活经典
责任编辑　刘胜利
出版发行　中华书局
(北京市丰台区太平桥西里38号　100073)
http://www.zhbc.com.cn
E-mail:zhbc@zhbc.com.cn
印　　刷　北京瑞古冠中印刷厂
版　　次　2010年9月北京第1版
2021年9月北京第9次印刷
规　　格　开本/710×1000毫米　1/16
印张14　字数95千字
印　　数　35001-38000册
国际书号　ISBN 978-7-101-07526-7
定　　价　36.00元

前　言

酿酒饮酒在我国有悠久的历史，姑且不论仪狄造酒、杜康造酒等上古传说，各类典籍中关于酒的可信记载很早就有，数量也相当多。有学者统计，成书于先秦时代的《诗经》中有三十多首诗歌提及酒，占全部诗歌的十分之一以上。到魏晋南北朝，士人纵酒放达成为一时风气，并突出体现在记录当时士人言行的名著《世说新语》中，士人与酒的风流故事可以说是书中最为精彩夺目的部分之一。此外，在农业技术典籍（如《齐民要术》）、地理博物书（如《南方草木状》、《博物志》）乃至志怪小说（如《搜神记》）中，关于酿酒储酒、酒性酒味以及各种与酒相关的奇闻逸事也屡屡可见。在这一时期，还出现了酒的专门文献，如《隋书·经籍志》著录有《仙人水玉酒经》、《四时酒要方》、《白酒方》、《杂酒食要法》、《杂藏酿法》等书。不过这些书籍一则已经散佚无存，无法得见庐山真面目；二则从《隋书·经籍志》对其的分类来看，均属医药、农业方面的技术性文献，而非综论酒事的酒文化著作。在后一类著作中，问世较早且流传至今的当推宋人窦苹《酒谱》和朱肱《北山酒经》，而朱肱的时代又比窦苹略晚，因此推《酒谱》为中国酒文化文献的首座重镇是不为过的。

《酒谱》仅一卷，《四库全书》将其列入子部谱录类。作者窦苹是北宋人，生卒年不详，《宋史》无传，现在只能通过《续资治通鉴长编》等宋人著作留下的零星记载知道，他是汶上（即今山东汶上）人，字子野，在宋神宗时任大理寺详断官，哲宗元祐年间任大理寺司直。

由于仕途不显赫，史籍中几乎没有关于窦苹的记载，乃至于他的姓名也有多种不同的说法，如在《续资治通鉴长编》和某几个版本的《酒谱》中作“窦革”，司马光《涑水纪闻》作“窦平”，还有称“窦苹”、“窦鞏”的；他字子野，《直斋书录解题》却误作“叔野”。尽管歧议纷见、众说不一，但名窦苹字子野这一说法得到普遍认同。这是因为古人的字与名往往有含义上的联系，或相承或相对。窦氏的名字应是取义于《诗经·鹿鸣》“呦呦鹿鸣，食野之苹”之句，所以说名苹字子野最为合理。

窦苹在政治史上毫不显赫，之所以能名留后世，主要是因为他的著作。除《酒谱》外，他还有一部《唐书音训》较为有名。在“二十四史”中，有两部是记载唐代历史的，即后晋刘昫等修撰的《旧唐书》与北宋欧阳修、宋祁修撰的《新唐书》。《新唐书》问世后甚为流行，但“多奇字，观者必资训释”，读者阅读起来较为困难。《唐书音训》即针对这一问题而作。全书篇幅不大，仅四卷，但很受好评，南宋目录学家晁公武在《郡斋读书志》中称此书对《新唐书》“发挥良多”，并且称赞窦苹“问学精博”。不过可惜的是，该书现已不传，只著录于宋人晁公武《郡斋读书志》和陈振孙《直斋书录解题》中，分别列入史评类和正史类。据晁公武称，他所见到的本子已非原书，而是附加了别人的批改，其中还有一些相左的意见（“其书时有攻苹者，不知何人附益之也”）。可见《唐书音训》成书后，曾在宋代知识圈内流传，并产生了一定范围的影响。除此之外，窦苹还著有《载籍讨源》一卷、《举要》二卷，仅见于《宋史·艺文志》，收入集部文史类，今已失传。望题生义，估计是指点读书门径类型的书籍。据此可以推知，窦苹饱览典籍，尤其精于唐代史事与文字训诂之学，《郡斋读书志》等书称他是博学之士，并非过誉。不过，由于上述著作均已散佚，今天要了解窦苹其人其学，主要只能依靠《酒谱》，以下就详细介绍它的情况。

首先，值得说说《酒谱》的成书时间。窦苹在全书卷末的“总论”（相当于后记）中署日期为“甲子年六月既望日”，这应当就是《酒谱》写定的日期。不过北宋共有三个甲子年，分别是太祖乾德二年（964）、仁宗天圣二年（1024）和神宗元丰七年（1084），究竟应是哪个呢？乾德二年可以首先排除，因为我们知道窦苹仕官在神宗、哲宗年间。在剩下的两个甲子年中，清代学者周中孚的《郑堂读书记》主张仁宗天圣二年。他的说法其实申发自

《四库全书总目》。《总目》据《郡斋读书志》将《唐书音训》排列在吴缜《新唐书纠缪》前，认为窦苹是仁宗时人，周氏进而将这一推断坐实。但考核窦苹的仕履年代，我们就会发现天圣二年明显太早。若此说成立，则窦苹的生年应是公元1000年前后，那么到了哲宗时代，他已是80岁以上的耄耋老人，却仍未致仕，明显不合常理。因此将《酒谱》的成书归于元丰七年，才是比较合理的。

而元丰七年，对窦苹而言，是一个微妙的时间点。因为在此之前的元丰元年（1078），他陷入了所谓“相州之狱”，这是他个人生命史上的一大事件，也可以说是创作《酒谱》的大背景。因此我们有必要介绍一下该事件的来龙去脉。

先此，相州（今河南安阳）发生了一起抢劫杀人案。三名歹徒闯入民宅，逼迫独居的老妇人交出财物。邻居听到老妪被打而发出的惨叫声，前来劝阻，反被其中的一名从犯刺死。相州官府判处三人死刑，按照程序上报，被堂后官周清驳回，认为量刑过重，为首者固然应当处死，但两名从犯应减等。案子转到大理寺复核，由时任详断官的窦苹与同事周孝恭负责，两人支持相州官府的判决，认为杀人者虽属从犯，但是故意杀人，理应处死，并上报刑房检正刘奉世。周清坚持己见，又将大理寺的意见驳回。案子再转到刑部，而刑部支持周清，大理寺不服。

就在双方争论不休之际，皇城司（宋代负责宫廷警卫的官署）举报相州法司潘开向大理寺行贿。据称因为这一案件是殿中丞陈安民任相州判官时所判，听说原判被周清驳回，害怕受连累遭到处分，故而写信给潘开，让他去京师疏通关系。开封府审理此案，并未发现有受贿的迹象，只是搜捕到了陈安民写给潘开的书信。

就在查无实据之际，御史中丞蔡确称此事连及当朝大臣，有很深的内幕，不是开封府审理得了的。蔡确之所以这么说，是因为陈安民有个姐姐，嫁给了北宋著名政治家文彦博，育有一子，名为文及甫，而文及甫又娶了当时宰相吴充的女儿。而文彦博、吴充两人都对王安石变法持异议，蔡确则是王安石的铁杆干将。事件至此，其实已经变质为不同政治势力之间的角力了。

案件随后移交给了御史台司，审理了十几日，得出的结论与开封府无异。随后蔡确亲自出面审理，将窦苹、周孝恭等人收押，将他们戴着枷锁在露天曝晒了五十七天，仍然没有侦破出受贿的情节。后来蔡确又将文及甫、刘奉世等人收押。及甫惊惧之下，供称的确曾向岳父请托，刘奉世也供称曾经接受他人的说情。直到当年六月，此事才以刘奉世、周孝恭、文及甫、陈安民等人受处罚的结果平息，其中窦苹遭到的处分是“追一官，勒停”，也就是降级停职。而他在衡阳“管库”，应该正是受这一事件的影响，而遭贬官外放。

从事件的经过可以看出，窦苹等受贿一事应属被诬陷；而蔡确深文周纳的实际目的是为了扳倒政见不同的当朝宰相吴充，这一点连神宗本人都有所察觉，指责蔡确动机不纯。窦苹不幸沦为党争的牺牲品，蒙受不白之冤，除了遭到了带枷五十余日的肉体折磨之外，精神上所遭受的严重打击也是不难想见的。在“相州狱”事件发生六年之后，《酒谱》的后记仍透露出难以名状的苦涩哀痛，他说自己“见酒之苦薄者无新涂，以是独醒者弥岁”，不正是在说本想借酒浇胸中块垒，但忧伤相接，不可断绝，连酒精都无法麻醉自己了么？如果我们不那么健忘，联想起《史记·屈原贾生列传》中屈原的表白“众人皆醉而我独醒”，那么窦苹的“独醒”不正是因为如屈原那般“信而见疑，忠而被谤”而自怜自伤么？

除了上述值得注意外，《酒谱》本身还有两个明显的特点。其一是注重知识的广博。中国古代的士非常强调博学多闻，甚至有“一事不知，儒者之耻”的说法；反之，若用“洽博”之类的字眼来评价人物，则是相当高的赞誉。从著述的角度来说，我国很早就有博物谈奇的传统。无论是《山海经》、《博物志》这类侧重于谈物的地理博物书，还是《世说新语》、《搜神记》之类侧重于谈人事鬼事的志人志怪小说，其着眼点都在于“奇”上。奇不仅指怪异罕见，也可指出众不凡，引人注目；而谈奇行为本身就是知识人博学多闻传统的体现。《酒谱》此书围绕着酒这一中心话题，谈物之奇与谈人之奇并重，旁征博引，遍及经史子集四部。单就经部而言，所引用摘抄的就有《尚书》、《诗经》、《周礼》、《仪礼》、《礼记》、《左传》、《孟子》、《尔雅》、《说文》、《释名》、《焦氏易林》、《春秋纬》等书。在《酒谱》后记中，窦苹自称写作时凭靠的是“记忆旧闻”，这想来不是虚言，因为他当时谪居南方，查阅典籍的确不便，由此可见他读书之广博和记忆力之强。除了引书的广博之外，窦苹还时不时地略加考证，而他的考证不拘泥于书本，更有通达的见识，足见其学人本色。

《酒谱》的第二个特点是叙酒人酒事侧重于魏晋南北朝，这一点诸位读者稍加翻阅就可一目了然。那么窦苹这么做的缘由何在呢？我们当然可作如下解释：魏晋六朝文人的纵酒放达在历史上的确罕有其匹，任何酒事著作的作者都不可能避而不谈。但同时值得注意的是，《酒谱》中提及唐人酒事的条目数量远逊于前者，而事实上唐代文人酒生活的丰富多彩是人所共知的，大家耳熟能详的“力士脱靴”、“旗亭画壁”都是极为精彩的酒故事。那么著有《唐书音训》的窦苹，作为熟悉唐代史事掌故的专家，为何偏偏在《酒谱》中对唐人惜墨如金呢？我们只能推测，魏晋酒事所透露出的颓废和“穷途痛哭”式的彷徨无奈，引起了贬谪南土的窦苹的深切共鸣，因而他对此泼墨如洒。这也是诸位读者在阅读此书时可加玩味的一点。

最后介绍一下本书的流传情况与主要版本。《酒谱》写成后，起初似乎流传不广，宋代最著名的藏书目录之一《郡斋读书志》就没有著录此书。直至南宋末年的咸淳年间，《酒谱》才被收入大型丛书《百川学海》刊行，这也是该书已知的最早刊本。但这是一个节本，仅十五条，大约只相当于全书的十分之一。此书元代未经刊刻，不过在元末陶宗仪将其收入了所编的《说郛》。这是一个足本，分为内外二篇，内篇包括酒之源、酒之名、酒之事、酒之功、温克、乱德、诫失七篇，外篇包括神异、异域酒、性味、饮器、酒令、酒之文、酒之诗七篇（其中酒之诗有目无文），此外卷末又有窦氏后记。但是《说郛》原本长期没有刊行，这个《酒谱》足本也因此隐沦不显。明代弘治年间，无锡人华珵翻刻宋本《百川学海》，收录的《酒谱》一仍宋本之旧，是个节本。到了明末清初，《酒谱》被多次刊行，《百川学海》明末重辑本、《唐宋丛书》、《说郛》重编本等多部丛书均将其收入。不过根据学界的研究，这些丛书同出一源，是一套版片分散印行的不同产物，所以将其视为同一版本也无不可。而这一系统的《酒谱》版本均是足本，可以推想应是源自《说郛》原本，但在流传过程中又脱落了“酒之文”、“酒之诗”二篇，变成了十二篇及后记的局面。由于《说郛》重编本系统的本子存量巨大，《酒谱》在清代没有被再度刊刻。乾隆时修撰《四库全书》时，馆臣未睹原书，使用的底本是《百川学海》原本一系的节本。

要言之，《酒谱》一书在流传过程中，有节本、足本两个系统并行不废。节本源自宋刊本《百川学海》，后来明弘治本《百川学海》、《四库全书》本都属于这一系统。足本系统相对复杂，又可分为十四篇与十二篇两个分支：前者以《说郛》原编本为源头，通行的《百川学海》重辑本、《唐宋丛书》本、《说郛》重编本则均属后者。

有鉴于此，本次整理使用1927年涵芬楼据明抄本《说郛》排印的本子为底本，这是一个十四篇的足本，较为完善，文字讹误脱漏也较少。（不过这个本子也有一些问题，主要集中于“酒之文”，这一部分收入了三篇文章：唐代王绩的《醉乡记》、北宋秦观的《清和先生传》与三国刘伶的《酒德颂》，其中《酒德颂》有目无文。秦观与窦苹同时代，在《酒谱》成书的后一年元丰八年（1085）中进士，而《酒谱》中引述宋人诗文，除此之外绝无仅有，因此很可怀疑。所以本书删去了《清和先生传》，而据《文选》补录了《酒德颂》。）此外，还参校了宋刊《百川学海》（据《中华再造善本》影印本）与《唐宋丛书》本。限于本套丛书的体例要求，凡误字脱字等文句讹误均径改而不出校记，仅在人名、地名有误而又涉及史实处，在注释中说明校改依据。

在整理和注释过程中，笔者得到了张彩梅女士、杨伯先生、郭丽女士、王玉女士的诸多帮助，在此谨致谢忱。限于学力，疏漏舛误在所难免，望诸位读者不吝赐教为幸。庚寅年正月十四日，石祥谨志。

目 录

内 篇

酒之源……………………………………………… 1
酒之名………………………………………………13
酒之事………………………………………………29
酒之功………………………………………………65
温　克………………………………………………75
乱　德………………………………………………89
诫　失……………………………………………… 111

外 篇

神　异…………………………………………………133
异域酒…………………………………………………147
性　味…………………………………………………157
饮　器…………………………………………………167
酒　令…………………………………………………185
酒之文…………………………………………………199
酒之诗（存目）………………………………………205

后　记…………………………………………………207
附　录…………………………………………………209

酒谱

内篇

酒之源

世言酒之所自者，其说有三。其一曰：仪狄始作酒[①]，与禹同时[②]。又曰尧酒千钟[③]。则酒始作于尧，非禹之世也。其二曰：《神农百草》著酒之性味[④]，《黄帝内经》亦言酒之致病[⑤]，则非始于仪狄也。其三曰：天有酒星，酒之作也，其与天地并矣。

【注释】

①仪狄：传说中大禹时代酿酒的发明者。除了下文所提及的《世本》、《孟子》之外，仪狄发明酒这一传说在很多先秦典籍中都有记载。

②禹：传说中的治水英雄，姒姓，名文命，鲧之子。在鲧治水失败后，接替父亲治水，疏通河道，兴修水利，历经十年，终获成功。后舜将帝位禅让给他，而他破坏了上古的禅让制，将君位传给了自己的儿子启，创立了夏代。

③尧：传说中上古的“五帝”之一。

④《神农百草》：即《神农本草经》，或简称《本草》，古代药物医方书。此书八卷，现已失传。此书托名于神农氏，当然是因为神农尝百草的传说附会所致。此书最早见班固《汉书·平帝纪》记载，可以推测其成书应当在汉代。此后《隋书·经籍志》、《旧唐书·经籍志》与《新唐书·艺文志》均有著录。

⑤《黄帝内经》：该书以黄帝为名，显然是后人伪托，一般认为该书作于战国时代，体现了先秦时代的医学观念，是我国现存最早的医学理论著作。全书十八卷，分为《素问》、《灵枢》两部分。

【译文】

说起酒的起源，世间有三种说法。第一种说法称，仪狄最早造酒，他与大禹是同时代人。又说尧能饮酒千钟。如此说来，酒创制于尧时，而非禹的时代。第二种说法称，《神农百草》记载了酒的特性和味道，《黄帝内经》也说酒会引起疾病，因此酒并非仪狄所创造。第三种说法称，天上有酒星，因此酒的由来与天地一样久远。

予以谓是三者皆不足以考据，而多其赘说也[①]。况夫仪狄之名不见于经，而独出于《世本》[②]，《世本》非信书也。其言曰："昔仪狄始作酒醪[③]，以变五味。少康始作秫酒[④]。"其后赵邠卿之徒遂曰[⑤]，仪狄作酒，禹饮而甘之，遂绝旨酒，而疏仪狄，曰："后世其有以酒败国者乎？"夫禹之勤俭，固尝恶旨酒，而乐谠言[⑥]，附之以前所云，则赘矣。或者又曰：非仪狄也，乃杜康也[⑦]。魏武帝乐府亦曰[⑧]："何以消忧，惟有杜康[⑨]。"予谓杜氏系出于刘累[⑩]，在商为豕韦氏[⑪]，武王封之于杜[⑫]，传国至杜伯[⑬]，为宣王所诛[⑭]。子孙奔晋，遂有杜为氏者。士会亦其后也[⑮]。或者，康以善酿酒得名于世乎？是未可知也。谓酒始于康，果非也。"尧酒千钟"，其言本出于《孔丛子》[⑯]，盖委巷之说，孔文举遂征之以责曹公[⑰]，固已不取矣。《本草》虽传自炎帝氏[⑱]，亦有近世之物始附见者。不观其辨药所生出，皆以两汉郡国名其地，则知不必皆炎帝之书也。《内经》言天地生育，五行休旺，人之寿夭系焉，信《三坟》之书也[⑲]。然考其文章，知卒成

汉画砖《酿酒图》

是书者，六国秦汉之际也。故言酒不可据以为炎帝之始造也。酒三星在女御之侧[20]，后世为天官者或考焉[21]。予谓星丽乎天[22]，虽自混元之判则有之，然事作乎下而应乎上，推其验于某星，此随世之变而著之也。如宦者、坟墓、弧矢、河鼓[23]，皆太古所无，而天有是星，推之可以知其类。

【注释】

①赘（zhuì）说：多余而无用的说法。

②《世本》：一部记载诸侯大夫的名氏、世系、居地、行事等内容的史书，相传为战国史官所作。司马迁撰写《史记》时，曾参考过此书。原书今已散佚，现在有多家清代学者的辑本流传。

③醪（láo）：未经过滤，汁滓混合的浊酒。

④秫（shú）：具有黏性的高粱，可以用于造酒。陶渊明《和郭主簿》："春秫作美酒，酒熟吾自斟。"

⑤赵邠卿：即赵岐，字邠卿，京兆长陵（今陕西咸阳）人。东汉学者。赵岐曾作《孟子章句》，是《孟子》一书的最早注本。此处"赵邠卿之徒遂曰：仪狄作酒，禹饮而甘之，遂绝旨酒，而疏仪狄"一句，源自《孟子章句·离娄下》，原文为："仪狄作酒，禹饮而甘之，遂疏仪狄而绝旨酒。《书》曰：'禹拜谠言。'""后世其有以酒败国者乎"一句不见于《孟子》原文，乃出自《战国策·魏策》，原文作"后世必有以酒亡其国者"。

⑥谠（dǎng）言：正直之言。谠，正直，敢于直言。

⑦杜康：传说中的酒神。关于其生平时代，众说纷纭。有称他即是夏代君主少康，如《说文解字》："古者少康初作箕帚、秫酒。少康，杜康也。"也有称他与大禹同时，还有称他是汉代人，曾任酒泉太守。

⑧魏武帝：即曹操。曹操生前并未称帝，武帝这一帝号是他死后其子曹丕称帝后追封的。

《古代制曲图》一

⑨何以消忧，惟有杜康：出自曹操的名作《短歌行》，诗歌原文为“何以解忧，惟有杜康”。“短歌行”是汉代乐府诗题，因此称该诗为“乐府”。

⑩刘累：传说中善于驯龙的人，向豢龙氏学习了驭龙术，由于为夏王孔甲驯龙有功，而被赐姓御龙氏，并给予封地。

⑪豕韦氏：古代部落。据称是祝融氏的后裔，被商王武丁所灭，而以刘累的后代取代。

⑫杜：在今陕西西安东南。

⑬杜伯：周宣王大夫，无罪而被宣王处死。传说后来周宣王在打猎时遭遇杜伯的鬼魂，被其射死。

⑭宣王：即周宣王姬静，周厉王之子，西周第十一代君主，在位46年（前827—前782）。在位期间，西周的国势有所重振，因此号称“中兴”。

⑮士会：即范会，字季，称“范武子”，或“随武子”，春秋时晋国大夫。曾流亡秦国，后被赵盾设计迎回晋国。

⑯《孔丛子》：共三卷二十一篇，旧题孔鲋撰。孔鲋，字子鱼，是孔子的八世孙，生活于六国秦汉之交，曾做过陈胜起义政权的博士（官职）。学者普遍认为该书出于伪造，并

非孔鲋的著作。因为是伪书，所以书中叙述的孔子及子思等孔门传人的言行事迹不可信，但行文颇流畅优美。

⑰孔文举遂征之以责曹公：孔文举即汉末名士孔融，文举为其字。他对曹操的禁酒法令不满，写作了《与曹操论酒禁书》一文与曹操辩论，中称："公初当来，邦人咸抃舞踊跃，以望我后。亦既至止，酒禁施行。酒之为德久矣。……由是观之，酒何负于政哉？"此文语气轻慢调侃，使曹操大为恼怒，成为后来孔融被杀的诱因之一。

⑱炎帝：传说中上古姜姓部族的首领。曾与黄帝争战，被黄帝击败，于是双方结成联盟，从此"炎黄"并称，被视为中华民族的先祖。另有说法称炎帝即神农氏，由此称《本草》出于炎帝之手。

《古代制曲图》二

⑲《三坟》之书：与所谓"五典"、"八索"、"九丘"并列，是传说中我国最古老的典籍，号称为伏羲、神农、黄帝所作，实际并不可信。今传《三坟书》是宋人伪作，包括《连山》、《归藏》、《乾坤》。本文在这里说"三坟之书"，意思是说《黄帝内经》是上古以来就在流传的书籍，并非认为它是《三坟》之一。

⑳酒三星：古星名。也称"酒旗星"。汉孔融《与曹操论酒禁书》："天垂酒星之耀，

地列酒泉之郡，人着旨酒之德。"《晋书·天文志》称，北斗七星之北，有"轩辕十七星"，而"轩辕右角南三星曰酒旗，酒官之旗也"，其功用是主宰"宴飨饮食"。女御：古星名。象征帝王的侍妾。

㉑天官：即天文、天象。

㉒丽：附着。

㉓宦者、坟墓、弧矢、河鼓：均是古代星名。宦者，共四星，在皇位（也是星名，象征君主）之侧。古人认为若宦者过亮，而帝星暗淡，就征兆着宦者擅权的危机。坟墓，属危宿，共四星，古人认为它象征死亡。弧矢，属井宿，又名"天弓"、"弧"，在天狼星东南。共九星，形状似弓矢，因此而得名。在古代星象学中，弧矢象征着军事与战争。河鼓，属牛宿，亦称"河鼓"，在牵牛之北。《史记·天官书》："牵牛为牺牲。其北河鼓，河鼓大星，上将；左右，左右将。"唐代司马贞《史记索隐》则引孙炎的说法，认为河鼓即牵牛，称："河鼓之旗十二星，在牵牛北。或名河鼓为牵牛也。"

【译文】

我认为这三种说法都经不起考证，只是徒然地增加了多余而无用的说法罢了。况且仪狄的名字在经书中没有记载，只出现于《世本》之中，而《世本》此书不可信。该书称："仪狄最早制造酒醪，以调节五味。而少康发明了秫酒。"于是之后赵邠卿等人就说，仪狄造酒，大禹饮用后认为味道甘美，于是下令禁酒，并疏远了仪狄，还说："后世恐怕会有因为嗜酒而使国家衰亡的吧？"以大禹的勤勉俭朴，确实会厌恶美酒而喜欢正直的言论，但将这附会到前面的那种说法，却是画蛇添足了。又有人说：发明酒的不是仪狄，而是杜康。魏武帝曹操的乐府诗也曾写道："如何才能消除我的忧愁啊，只有靠杜康造的美酒了。"我认为杜氏出自刘累，在商代被称为豕韦氏，周武王将其封在了杜做诸侯，传到杜伯这一代，被周宣王所诛杀。子孙流亡到晋国，于是以杜为姓氏。士会也是其后人。也有人说，杜康难道是因善于酿酒而闻名于世的吗？这也不好说。说酒是杜康发明的，则肯定不正确。"尧酒千钟"这句话最早出自《孔丛子》，不过是街头巷尾的传说而已，孔融曾引这一说法来批评曹操，本来已是不足取的。《神农本草》一书虽然是从炎帝流传下来的，但书中也掺杂记载了晚近才出现的事物。只要看它辨别药材的出产地时，都使用两汉时期的郡县名相称，就可以明白这书不一定是炎帝写作的。《黄帝内经》称天地孕育万物，五行运转不息，人的寿命长短与之息息相关，的确是上古时代的书籍。但是考察其文章，就会知道它最终成书，是在战国秦汉之际。所以谈论酒时不能以它为依据，认定酒是炎帝发明的。酒三星在女御的旁边，后代研究天文者考察过它。我认为，虽说自开天辟地以来，星星就散布在天上，但世间出现了某种事物，上天就会有所感应，将其征验推于某颗星，这种事情是随着世间的变化而变化的。比如宦者、坟墓、弧矢、河鼓这些事物，上古时代都没有，但代表着这些事物的星星却是早就存在于天空中。照此道理推论，就可以知道酒与酒星的关系了。

然则，酒果谁始乎？予谓智者作之，天下后世循之而莫能废。圣人不绝人之所同好，用于郊庙享燕①，以为礼之常，亦安知其始于谁乎！古者食饮必祭先，酒亦未尝言所祭者为谁，兹可见矣。《夏书》述大禹之戒酒辞②，曰："酣酒嗜味。"《孟子》曰③："禹恶旨酒，而好善言④。"《夏书》所记，当时之事；孟子所言，追道在昔之事。圣贤之书可信者，无先于此。虽然，酒未必于此始造也。若断以必然之论，则诞谩而无以取信于世矣。⑤

【注释】

①燕：通"宴"。

②《夏书》：《尚书》中的一部分，记录夏代的史事。不过《夏书》并非夏代的原始文献，而是后人的追述。

③《孟子》：该书主要记载了孟子的言行，由孟子与弟子万章等人共同编定，是研究孟子及儒家学说的重要文献。全书共七篇，汉代时还有所谓外书四篇流传，为伪作，现已

《大禹治水图》

不存。孟子名轲，字子舆，受业于子思（孔子之孙，名孔伋）的弟子，是战国时期儒家的代表人物。

④禹恶旨酒，而好善言：此句出自《孟子·离娄》，意为“大禹厌恶美酒，而喜爱有益处的言论”。

⑤以上三段在原书中为一节，为读者的阅读便利而将其拆分。

【译文】

既然如此，那么酒究竟是由谁发明的呢？我认为是智者创造，后人承袭下来，无法将其废止。圣人不禁绝民众所共同喜好的东西，而是将它用于祭祀宴会等场合，作为礼仪中所不可或缺之物。我们又怎么能知道酒究竟始于谁呢！古人在吃饭饮酒时一定要祭祀祖先，却也没有说明用酒祭祀的是谁，由此就可见一斑了。《夏书》引述

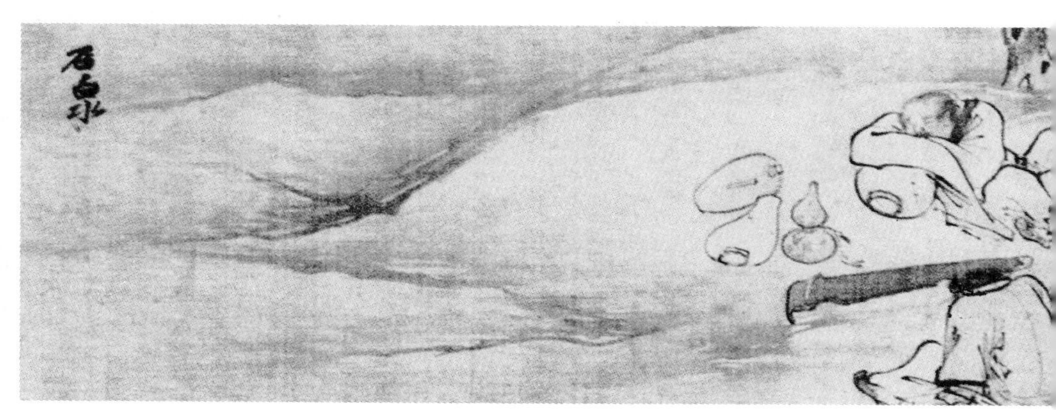

大禹的戒酒辞，称："酣酒嗜味。"《孟子》称："大禹厌恶美酒，而喜爱有益处的言论。"《夏书》记载的是当时的情况，孟子的话是在追诉往昔的故事。圣贤所作的可信的书籍，没有比这更早的了。尽管如此，酒却不一定是从此创始的。倘若下一个结论，非说事情一定是怎样，那么这结论必定是虚妄而无法取信于世人的。

【点评】

酒有很多喝法，或是欢饮畅酌，被视为人生一乐；或是在失意时，作为宣泄情感、麻醉神经的工具。但无论如何，饮酒这种行为是感性的，而非理性的。作为《酒谱》全书的第一篇，本篇却在严肃而理性地考据酒的起源，而不是痛陈力说饮酒之乐，饮酒之美，饮酒之趣。初读起来，读者可能会有格格不入之感。但细究之下，并非不可理解。

中国古代士人向来有博闻强识的求知传统，以致有"一事不知，儒者之耻"的说法。如前言及附录材料所述，作者窦苹除了《酒谱》之外，尚著有《唐书音训》四卷、《载籍讨源》一卷、《举要》二卷等多种著作。晁公武《郡斋读书志》称赞他"问学精博，发挥良多"，可见窦苹在宋代就有博雅多闻的名声。而且他所身处的北宋时代，文治鼎盛，学人辈出，是一个

《醉饮图》

知识主义、或者说“博闻强识”传统占据坚强优势的时代。知人论世，以逆其志。虽然窦苹在后记中称自己是“因管库余闲，记忆旧闻，以为此谱”，不过是为了“览之以自适”，并非一本正经的学问考证之作。但对酒这样的玩乐之物也要进行一番起源考索，是符合窦苹及其时代的风气的。

从这篇洋洋近千字的考据文章中，可以看出窦苹不仅博览群书，高挹群言，而且还具有良好的考证逻辑，强调对古书的辨伪，不盲从轻信。对于《尚书》、《孟子》两部儒家经典，他虽格于时代，认为“圣贤之书言可信者，无先于此”，但还是认为不能据此就断定酒的起源。最后得出的结论更是符合“信则传信，疑则传疑”的谨慎原则，宁可说“安知其始于谁”，也不妄下断论，逞其臆说。

至于酒的真正起源，我们知道，如同弓箭等伟大的早期发明一样，必然要经历漫长的史前过程。制酒出现的先决条件是农业耕种的出现以及粮食有剩余。从世界范围说，距今10000~12000年前的新石器时代早期，出现了原始农业，西方学者称之为“新石器农业革命”。我国的史前农业尤其发达，从地域而言，华北以粟和黍为主要作物，长江流域则是水稻，在浙江河姆渡等遗址中均发现了大量的人工培育的稻种，是世界上最早的人工栽培的稻种。这为酿酒奠定了坚实的基础。也有学者认为，最早的酒出自果类的自然发酵，被人类偶然发现。无论实情怎样，酒在史前时代就已存在，则是不争的事实，也不可能归功于特定的人物。窦苹的时代，当然没有田野考古，更没有诸如放射性碳（碳14）之类的年代学技术手段，但他“安知其始于谁”的结论，却是完全符合上古文明发展的实际的。

更可激赏的是，窦苹在严肃的考证之余，还透露出他富有雅趣性情的一面，那一句“天下后世循之而莫能废”，正道出了无分古今中外，酒为世人共赏共乐、虽屡禁亦不可绝的实态。至于窦苹本人，虽无传说逸闻流传，但读其书，想见其人，若说他是一位喜酒爱酒的博雅君子，想来是“虽不中，亦不远矣”的。

内篇

酒之名

《春秋运斗枢》曰[1]:“酒之言乳也,所以柔身扶老也。”许慎《说文》云[2]:“酒,就也,所以就人性之善恶也[3]。一曰造也,吉凶所造起。”《释名》曰[4]:“酒,酉也。酿之米曲[5],酉绎而成也,其味美。亦言踧踖也[6],能否皆强相踧持也。”予谓古之所以名是物,以声相命,取别而已,犹今方言在在各殊,形之于文,则其字日滋,未必皆有意谓也。举吴楚之音而语于齐人,不能知者十有八九。妄者欲探古名物造声之意,以示博闻,则予笑之矣。

《说文》曰:酴[7],酒母也。醴[8],一宿酒也。醪,滓汁酒也。酎[9],三重酒也。醨[10],薄酒也。醑[11],旨酒也。昔人谓酒为欢伯,其义见《易林》[12]。盖其可爱,无贵贱、贤不肖、华夏戎夷,共甘而乐之,故其称谓亦广。

造作谓之酿,亦曰酝。卖曰沽,当肆者曰垆[13]。酿之再者曰酘[14],漉酒曰酾[15],酒之清者曰醥[16],白酒曰醝[17],厚酒曰醹[18],甚白曰醙[19]。相饮曰配,相强曰浮,饮尽曰釂[20],使酒曰酗,甚乱曰營[21]。饮而面赤曰酡[22],病酒曰酲[23]。主人进酒于客曰酬,客酌主人曰酢[24],酌而无酬酢曰醮[25]。合钱共饮曰醵[26],赐民共饮曰酺[27],不醉而怒曰奰[28],美酒曰醁[29]。其言广博,不可殚举。

【注释】

①《春秋运斗枢》:汉代纬书《春秋纬》中的一篇,又名《春秋纬运斗枢》。纬书是附会于儒家经典以预言人事吉凶祸福、宣扬天人感应的书籍,在汉代最为盛行。

②《说文》:即《说文解字》,作者是东汉学者许慎。《说文解字》是我国第一部字典,书中以“六书”理论(秦汉以来产生的分析文字的理论)分析和解释了汉字的字形、字义,并且创造性地运用了沿用至今的部首分类法,全书分540部,统辖9353个汉字。该书是汉语言学史上的不朽巨著,两千年来影响深远,是历代研究文字学者的必读书。

③“所以”句：就，在古文中有跟随、接近的意思，因而这里说酒是跟随人性善恶的。

④《释名》：成书于东汉末的一部字典，作者为刘熙。该书以事物的内容性质分类，其特点是采用了“声训”的方法，即以同音或近音字来解释词义。

⑤曲：酒曲，用麦、麸皮、大豆等混合制成。

⑥踧踖（cù jí）：恭敬不安的样子。

⑦酴（tú）：酒曲，酒母。

⑧醴（lǐ）：短时间酿成的甜酒。

⑨酎（zhòu）：反复多次酿成的酒。

⑩醨（lí）：味道淡薄的酒。

⑪醑（xǔ）：美酒。

⑫《易林》：西汉焦延寿撰，是一部推演《易经》六十四卦的占卜书，每卦又有六十四变，共有四千零九十六卦，又名《焦氏易林》或《大易通变》，共十六卷。称酒为“欢伯”，见《易林·坎之兑》，原文为“酒为欢伯，除忧来乐”。

酒壶的展开图

⑬垆（lú）：原指古代酒店中放置酒瓮的台子，后来逐渐用于指酒店。

⑭酦（pō）：二次酿造。

⑮酾（shī）：滤酒。

⑯醥（piǎo）：清酒。

⑰醝（cuō）：白色的酒。

⑱醹（rú）：厚酒。

⑲醙（sōu）：色特别白的酒。

⑳釂（jiào）：一饮而尽。

㉑醟（yòng）：酗酒。

㉒酡（tuó）：饮酒脸红的样子。

㉓酲（chéng）：酒醉后神志不清。

㉔酢（zuò）：回敬酒。

㉕醮（jiào）：喝酒不敬酒与回敬。

㉖醵（jù）：凑份子。

㉗酺（pú）：古代国家有喜事，赐臣民聚会饮酒。

㉘奰（bì）：发怒。

㉙醁（lù）：美酒。

【译文】

《春秋运斗枢》说："酒指的是乳汁，是用来滋润身体、帮助老人的。"许慎《说文解字》称："酒，就是'就'。它是跟随人性的善恶的。又可说是'造'，它能引发人事的吉凶。"《释名》称："酒，就是'酉'。它用米曲酿造，酉绎而成，味道甘美。又有恭敬不安之义，无论能否都恭敬地对待。"我认为古人称呼事物，用声音给它命名，只要能够有所区别即可，好比现在各地方言不同，用文字来表现，则文字日渐繁多，不一定每个字均有特殊的意义。用吴楚的方言与齐地的人说话，则十有八九不能理解。有妄人想要探究古代名物语音的用意来源，来显示自己的博学多闻，我认为这很可笑。

《说文解字》称：酴是酒母。醴是一夜酿成的酒。醪是留有滓汁的酒。酎是经过多次酿造而成的醇酒。醨是薄酒。醑是美酒。前人将酒称之为"欢伯"，其含义见于《易林》。因为它惹人喜爱，无论身份高低、才智贤愚、华夏还是夷狄，都因其味甘美而喜爱饮酒，因此与之相关的称谓也很繁多。

造酒称之为"酿"，又称"酝"。卖酒叫做"沽"，酒铺称"垆"。经两次酿造的称之为"酘"，滤酒称"酾"，清酒称为"醥"，白色的酒叫"醝"，味道纯厚的酒为"醑"，颜色特别白的是"醙"。相对饮酒称"配"，勉强对方喝酒叫"浮"，一饮而尽为"釂"，无节制地饮酒称"酗"，纵酒狂饮叫做"醟"。喝了酒脸红叫"酡"，醉酒后神志不清叫"酲"。主人向客人敬

陈居中《文姬归汉图》

酒称“酬”，客人向主人敬酒为“酢”，喝酒而不相互敬酒称“醮”。凑钱一起喝酒叫“醵”，君主赐酒给民众共饮称“酺”，没喝醉却发怒称“奰”，美酒为“醁”。与其有关的语汇众多，无法一一列举。

【点评】

以上罗列了诸多与酒相关的词汇。正如窦苹所声明的那样，与酒相关的语汇太过繁多，无法一一列举，而即便是上文中他信手举出的这些，就已使人大有目不暇接之感了。而且造酒与饮酒各有名目繁多的用语，足以证明我国古代的酒文化是多么的发达。尤其可注意的是，文中出现的许多语汇早已载入东汉许慎的《说文解字》，这可以表明，远在上古，我们先民的酒生活就已经发展到相当精致细密的程度了。

再说点闲话。古代就有名为劝酒、实为强迫的“浮饮”，可见今日在饭馆酒店中随处可见的恶习，倒也是“古已有之”，从老祖宗那里一脉相承而来的。

酒恐怕是仅次于水的全民性饮用物。文中说酒客是不分身份、才智、民族的，诚哉斯言。但凡读过中学语文的人，对于那“排出九文大钱”、要两碗酒一碟茴香豆的孔乙己肯定都印象深刻。古代当然也有“短衫党”，或是孔先生这样的落魄者，手头拮据，却也需要酒的欢愉，所以他们要“醵”，要凑钱喝酒。想象这番图景，不免让人有古今皆然之叹。

《周官》[①]：酒人掌酒政令，辨五齐三酒之名，一曰泛齐，二曰醴齐，三曰盎齐，四曰醍齐，五曰沉齐。一曰事酒，二曰昔酒，三曰清酒。此盖当时厚薄之差，而经无其说，传、注悉度而解之[②]，未必得其真，故曰酒之言也略。《西京杂记》有“漂玉酒”[③]，而不著其说。枚乘赋云[④]：“尊盈漂玉之酒，爵献金浆之醪[⑤]。”云“梁人作藷蔗酒[⑥]，名金浆”，不释漂玉之义。然此赋亦非乘之辞，后人假附之耳。《舆地志》云[⑦]：“村人取若下水以酿，而极美，故世传若下酒。”张协作《七命》云[⑧]：“荆州乌程，豫章竹叶[⑨]。”乌程于九州属扬州[⑩]，而言荆州[⑪]，未详。西汉尤重上尊酒，以赐近臣。注云[⑫]：“糯米为上尊，稷为中尊，粟为下尊[⑬]。”颜籀曰[⑭]：“此说非是。酒以醇醴，乃分上中下之名，非因米也。稷粟同物而分为二，大谬矣。”《抱朴子》所谓玄鬯者[⑮]，醇酒也。

【注释】

①《周官》：《周礼》的别称。此书与《仪礼》、《礼记》并称“三礼”，是儒家的重要经典。传说为周公所作，实际不可信，成书约在战国时代。内容为记述官制，但所记官职制度并非完全是真实存在过的，有理想化的成分。全书原有天官、地官、春官、夏官、秋官、冬官六篇，后冬官散佚，后人以《考工记》代替补足，形成了今天所看到的《周礼》。

②传、注：传是解释阐发经义的文字，如《春秋》是经，《左传》、《穀梁传》、《公羊传》就是解释《春秋》的“三传”。注是用来解释词句的文字。

③《西京杂记》：记载西汉逸闻杂事的杂史著作。关于其作者和成书年代，有多种说法。其中传统的说法是西汉刘歆（xīn），现在较有力的说法是东晋葛洪。

④枚乘：字叔，淮阴（今属江苏）人。生活于西汉景帝、武帝时代，是当时著名的文学家，尤以辞赋著名。代表作《七发》被认为开创了汉大赋的先声。枚乘在“七国之乱”爆发前，曾任吴王濞（bì）郎中，察觉吴王有叛乱企图，上书劝谏，吴王不听，于是转投雅好文学的梁孝王（汉文帝之子）。此处所引的赋，即作于枚乘为梁孝王门客时。

⑤尊盈漂玉之酒，爵献金浆之醪：此句出于枚乘的《柳赋》，该赋保存在《西京杂记》中。漂玉之酒，指浅青色的美酒。尊、爵，是酒器。

⑥薯蔗：即甘蔗。

⑦《舆地志》：南朝梁代人顾野王摘抄各种书籍材料所成的一部地理书，原书为三十卷，北宋时仍有流传，后散佚。现在所能看到的是清代学者从《太平御览》等书中辑佚而

成的一卷。

⑧张协作《七命》：张协字景阳，西晋文学家。与兄张载、弟张亢齐名，并称为“三张”。曾任秘书郎等官，后因惠帝时代政治动荡，遂辞官归隐，以吟咏诗赋为乐。《七命》即作于张协隐居之后，是他的代表作之一。永嘉末年，晋怀帝征张协为黄门侍郎，被他称病推辞。

⑨荆州乌程，豫章竹叶：此句张协的原文为“荆南乌程，豫北竹叶”。乌程，古代的产酒名地。有两种说法，一指豫章郡康乐县（今江西万载）的乌程乡，一指吴兴乌程县（今浙江湖州）。豫章，古郡名，在今江西南昌。竹叶，酒名，即竹叶青。张华《轻薄篇》称“苍梧竹叶清”。

⑩扬州：上古时代将中国分为九州，扬州是其中之一。包括长江下游的江苏、浙江、安徽等地。

⑪荆州：与扬州同为九州之一，大致相当于今天的湖北、湖南两省及河南、广东、广西、贵州的一部分。

⑫注云：出自《汉书》卷七十一如淳注。如淳，汉末三国时人，曾为《汉书》作注。

⑬上尊、中尊、下尊：分别指上等、中等和下等的酒。稷（jì）、粟（sù）：即今天所说的小米。

画像砖《投壶图》

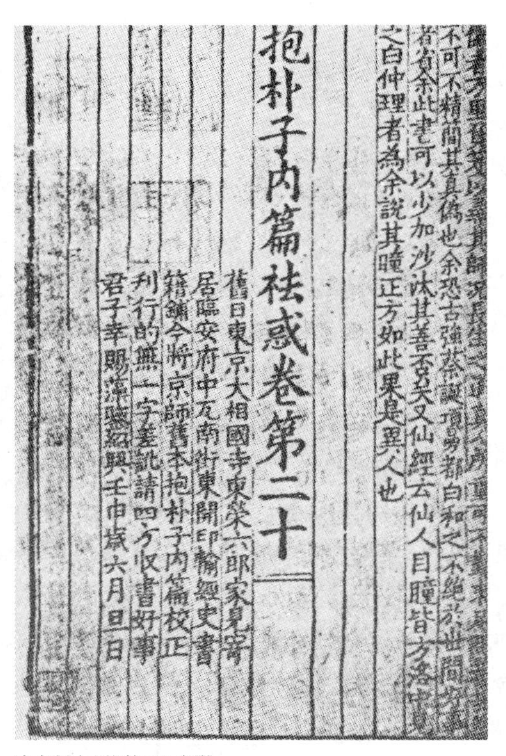
不可不精簡其真僞也余恐古強蔡誕項曼都白和之不絕於世間
者省余此書可以少加沙汰其善否矣又仙經云仙人目瞳皆方洛中見
之白仲理者為余說其瞳正方如此果是異人也

抱朴子內篇祛惑卷第二十

舊日東京大相國寺東榮六郎家見寄
居臨安府中瓦南街東開印輸經史書
籍鋪今將京師舊本抱朴子內篇校正
刊行的無一字差訛請四方收書好事
君子幸賜藻鑒紹興壬申歲六月旦日

南宋刻本《抱朴子》书影

⑭颜籀（zhòu）：即唐代学者颜师古，籀为其名，师古是字，以字行。他的祖父是南北朝时期著名的学者、《颜氏家训》的作者颜之推，父亲颜思鲁也以精通儒学著称。颜师古本人的著述有《汉书注》、《匡谬正俗》等，并曾参与太宗时代官修《隋书》的撰写。

⑮《抱朴子》：东晋葛洪撰。葛洪是重要的道教理论家，并从事炼丹活动，今杭州西湖旁葛岭据说即葛洪修炼之地。全书又分为《内篇》二十卷、《外篇》五十卷两部分。《内篇》是道教及炼丹理论，《外篇》则以政治议论为主。玄鬯（chàng）：古代宗庙祭祀用酒，以黑黍和香草制成。

【译文】

《周礼》称："酒人掌管与酒有关的政务，分辨'五齐''三酒'。'五齐'一为'泛齐'，二为'醴齐'，三为'盎齐'，四为'醍齐'，五为'沉齐'。'三酒'一为'事酒'，二为'昔酒'，三为'清酒'。"在当时这大约是指酒醇厚程度的差别，但经书未予以解说，而传和注都是揣测着予以解释的，不一定说得就对，因此说谈论酒是很简略的。《西京杂记》中提及"漂玉酒"，但没有予以解说。枚乘的赋写道："酒樽里盛满了浅青色的美酒，用那酒爵献上金浆醪。"解释说"梁国人酿造甘蔗酒，取名金浆"，但没有解释漂玉的含义。然而这篇赋并不是枚乘所写，是后人伪托的。《舆地志》称："村里人用若下河的水酿酒，味道极为甘美，因此世间传颂若下酒的美名。"张协《七命》写道：

"荆州乌程乡的美酒与那豫章郡的竹叶酒。"乌程在九州中属于扬州，张协却说是荆州，不知根据何在。西汉时特别看重上尊酒，君王用它来赏赐身边宠信的臣子。注称："用糯米酿造的是上尊，用稷酿造的是中尊，用粟酿造的是下尊。"颜籀说："这个说法不对。酒是根据味道的醇厚程度，分为上、中、下等的，而不是根据酿造所用的粮食。而且稷与粟本是同物异名，而这里却将其区分开来，真是大错特错。"《抱朴子》中所说的"玄鬯"，则是一种醇酒。

【点评】

《周礼》所说的"五齐""三酒"，是酒的不同分类，但现在已经很难具体解释（尤其是"五齐"）。根据学者的考据，"五齐"均是醴酒，即甜酒酿型酒，度数不高，区别在于酿法不同；也有人认为"五齐"是指酿酒发酵的不同阶段。"三酒"的区别，则在于酿造时间的长短不一。所谓事酒，专用于宗庙祭祀、朝堂燕饮，酿制时间较短，随需随酿。昔酒的酿造时间较长，酒味远比事酒醇厚。事酒和昔酒，均属于"白酒"（这是以酒色而言，与今人所说的白酒是不同概念）。清酒则是相对于"白酒"而言，需经过多次酿制及过滤而成，即上文所说的"酎"，酒色透明清亮，酒味也最醇厚。

上文作者在列举周代以来的名酒时，反复提及酒的醇醴厚薄之分，这一问题的实质就是酒精含量（也就是我们常说的度数）。在上古时代，酿酒时只是将粮食蒸熟，加入酒曲令其发酵，而没有榨滤、煎煮的工序。度数的高低，主要取决于发酵时间的长短。"三酒"中最为

佚名《夜宴图》

醇厚的清酒，按照《周礼》郑玄注的说法，是“冬酿夏成”，酿制过程要历时大半年，粮食转化为乙醇（酒精）的程度自然较高。当然也有极短时间酿成的，如“醴”是“一宿而熟”，这样的酒发酵程度有限，口味偏甜而酒味淡薄，和我们今天所吃的甜酒酿（醪糟）是没有太大区别的。——有意思的是，古人饮用“醴”时，也如我们吃酒酿一样，连吃带喝，不仅饮汁，而且糟也是要吃掉的。

不过由于工艺方法的限制，即便是“清酒”，度数仍然不高。最初古人使用的是反复酿制的方法——在已酿成的酒中加入酒曲，二次发酵——来提高酒度，但所能达成的效果仍然有限，大致上限无法突破20度。进一步提高度数的方法，则是煮酒与蒸馏，尤其是蒸馏提纯法，是酿制50度以上酒的不二法门。具体方法是将原始的酒浆高温烧开，提取酒蒸气，蒸气冷却后形成的酒液，“其清如水，味极浓烈”，被古人形象地称为“酒露”，这也就是今天所说的烧酒、白酒。明代李时珍认为蒸馏法始自元代，英国著名科技史学家李约瑟则认为中国早在南北朝时期就已经有蒸馏酒，是从西域传入的，现在也有不少人认为蒸馏法始自宋代。

皮日休诗云①：“明朝有物充君信，擲酒三瓶寄夜航②。”擲酒，江外酒名③，亦见沈约文集④。

【注释】

①皮日休：字逸少，又字袭美，号“鹿门子”、“间气布衣”等。襄阳（今湖北襄樊）人，晚唐著名诗人。他生活在唐代末年，为人傲诞，对于当时的政治多有不满，经常在诗文中讽刺讥嘲。黄巢攻入长安后，曾在其政权中任翰林学士，后因故被杀（或称黄巢失败后被唐军所杀）。

②明朝有物充君信，擲（shěn）酒三瓶寄夜航：出自皮日休《鲁望以轮钩相示缅怀高致因作三篇》。

③江外：指江南地区。

④沈约（441—513）：字休文，吴兴武康（今浙江德清）人。历仕宋、齐、梁三朝，曾与谢朓等人从南齐竟陵王萧子良游，被称为“竟陵八友”。他是南朝著名的文学家、学者，著作很多，但大多已经散佚，今天能看到的有《宋书》和明人张溥辑佚的《沈隐侯集》。

敦煌壁画《宴饮图》

【译文】

皮日休的诗写道：“明日拿什么充当寄给你的书信呢？还是托人带去三瓶播酒吧。”播酒是江南酒名，在沈约的文集中也曾出现。

【点评】

在历史上，皮日休是颇有酒名的文人之一。他以“醉吟先生”、“醉士”自号，并且写作了大量与酒有关的诗篇，著名的有《酒中十咏》等篇，足可见他对酒的喜好。上文所引皮日休诗，是他与好友陆龟蒙游戏唱和时所作。陆龟蒙也非常好酒，他与皮日休整日诗歌酬唱，其中不少诗作与酒有关，比如他曾作《奉和皮袭美酒中十咏》，就是上述皮日休《酒中十咏》的和作。在写作了十首后，仍意犹未尽，又作《添酒中六咏》，可见酒兴之高，诗兴之浓。

张籍诗云"酿酒爱干和"[①]，即今人不入水也。并、汾间以为贵品[②]，名之曰干酢酒[③]。

【注释】

①张籍：字文昌，中唐诗人。与王建、韩愈、白居易等人关系密切，在诗歌创作上，与王建齐名，尤其擅长创作乐府诗，被称为"张王乐府"。

②并、汾：即并州、汾州，均在今山西境内。并州原为九州之一，汉代为十三州部之一，包括今山西及河北部分地区，其后辖地日渐缩小，宋仁宗改并州为太原府。汾州，即今山西汾阳。

③干酢（zuò）酒：即干和酒。

【译文】

张籍的诗称"喜爱那纯粹不搀水的酒"，就是现在所说的酒里不搀水。并州、汾州一带将这种酒视为上等之物，称之为"干酢酒"。

【点评】

这里涉及的还是古代酿酒法的问题。古法酿酒，无论是否有蒸煮、蒸馏等后续工序，最初步骤均是将粮食蒸熟后，投入酒曲，同时往往还需加水。前文已经介绍过，在不进行蒸馏提纯的情况下，酒的度数是很有限的，而加水会进一步降低度数，损害口感。而酿酒时不加水的干酢滋味醇厚，所以当时被视为珍品。

宋之问诗云[①]："尊溢宜城酒，笙裁曲沃匏[②]。"宜城在襄阳，古之罗国也[③]。酒之名最古，于今不废。唐人言酒之美者，有鄂之富水[④]，荥阳土窟春、石冻春[⑤]，剑南烧春[⑥]，河东干和、薄萄[⑦]，岭南灵溪、博罗[⑧]，宜城九酝，浔阳湓水[⑨]，京城西市腔、虾蟆陵[⑩]。其事见《国史补》[⑪]。又有浮蚁、榴花诸美酒[⑫]，杂见于传记者甚众。

【注释】

①宋之问：字延清，汾州（今山西汾阳）人。初唐诗人，当时与杜审言（杜甫的祖父）齐名。在政治上投附武则天，唐玄宗即位不久后被赐死。

②尊溢宜城酒，笙裁曲沃匏（páo）：出自宋之问《宋公宅送宁谏议》。笙，古代的一种乐器。曲沃匏，出产于曲沃有柄的匏瓜。匏瓜可用于制作笙，又以曲沃所产为最佳，晋代潘岳的《笙赋》将曲沃之悬匏夸为“河汾之宝”。曲沃，即今山西闻喜，是春秋时晋国的发源地。

《读书饮酒图》

③罗国：古诸侯国之一。在今湖北宜城西，春秋时被楚国所灭。

④鄂：唐代州名。在今湖北武汉。

⑤荥（xíng）阳：即今河南郑州荥阳。

⑥剑南：唐代有剑南道名。辖境在今四川、云南、贵州一带。

⑦河东：唐代有河东道，辖境大致相当于今山西。

⑧岭南：唐代有岭南道，辖境包括今广东、广西。

⑨浔阳：唐时属江州，即今江西九江，因长江流经九江附近的一段称浔阳江而得名。

⑩虾（há）蟆陵：原为地名，在长安曲江附近，唐代时歌楼酒馆多

集中于此。此处则是酒名。

⑪《国史补》：该书又称《唐国史补》，共三卷，是记载唐代开元至长庆年间史事的杂史著作。作者是唐代的李肇，除此书外，他还著有《翰林志》一卷。

⑫浮蚁、榴花：古代用粮食酿酒，未经滤清的酒液中会有粮食颗粒存留，古人雅称为“浮蚁”、“榴花”，这两个名词后来逐渐演化为美酒的代称。

【译文】

宋之问的诗写道：“酒樽盛满了宜城酒，奏乐的笙乃是曲沃的匏瓜所制成。”宜城在襄阳，是古代罗国的所在地。这里自古就以酒闻名，至今仍然如此。唐代人说起美酒，有郢的富水，荥阳的土窟春、富平的石冻春，剑南的烧春，河东的干和、薄萄，岭南的灵溪、博罗，宜城的九酝，浔阳的湓水，京城的西市腔和虾蟆陵。此事见《国史补》的记载。此外尚有浮蚁、榴花等各种美酒，在各种传记中零散记载，每每可见。

【点评】

由上述记载，我们可以看出，唐代名酒的出产地分布于南至广东、北至山西的广大地域，这说明当时全国各地均已有了发达的造酒业。其中有些品种的名字甚至袭用至今，成为今日白酒的知名品牌。当然我们必须知道，制作白酒所必需的蒸馏提纯的制酒方法，在唐代还未应用。

酒谱

内篇

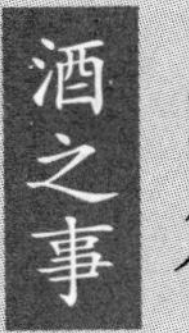

《诗》云[①]："有酒湑我，无酒酤我[②]。"而孔子不食酤酒者，盖孔子当乱世，恶奸伪之害己，故疑而不饮也。

【注释】

①《诗》：《诗经》的古称。《诗经》是我国第一部诗歌总集。收入西周初年至春秋中叶三百多首诗歌，故又称"诗三百"。

②有酒湑（xǔ）我，无酒酤（gū）我：出自《诗经·小雅·伐木》。湑，将酒滤清。酤，一夜酿成的酒。

【译文】

《诗经》称："有酒时我将它滤清，无酒时我赶快去酿造。"而孔子之所以不饮用酤酒，是因为身处乱世，担心奸恶的小人谋害，因此心怀疑虑而不饮酒。

【点评】

历来酒在政治阴谋中往往都发挥了特殊的作用，翻看史书，经常可以看到"鸩杀"的记载，就是指用毒酒谋杀或逼迫他人自杀。而鸩传说是种恶鸟，羽毛有毒，浸在酒中，即可制成毒酒。

《孔子杏坛讲学图》

《韩非子》云[①]：宋人沽酒，悬帜甚高[②]。酒市有旗，始见于此。或谓之帘。近世文士有赋之者，中有警策之辞云：“无小无大，一尺之布可缝；或素或青，十室之邑必有。”

【注释】

①《韩非子》：全书二十卷五十五篇，是先秦法家的代表性著作。作者韩非，生活于战国末期，师从荀子，是法家思想的集大成者。他是韩国王族，出使秦国，颇得秦王嬴政的赏识，后被同学李斯陷害，死于狱中。

明刊本《红拂记》中的酒幌子

②宋人沽酒，悬帜甚高：见《韩非子·外储说右上》。

【译文】

《韩非子》写道：宋国人卖酒时将旗帜挂得很高。这是酒铺悬挂旗帜最早的记载。也有人将它称为“帘”。近代的文士中曾有人写赋吟咏酒旗，其中有妙言警句为：“酒旗无所谓大也无所谓小，只要一尺布就可以缝制了；颜色或者白或者绿，即便只有十户人家的小镇子也肯定会有。”

【点评】

酒旗的由来已久。古人将轩辕十七星以南的三星统称为“酒旗”，东晋道教大师葛洪在《抱朴子·酒诫》中称，“昊天表酒旗之宿，坤灵挺空桑之化”。至于在现实生活中酒店使用布标，如《韩非子》所显示的那

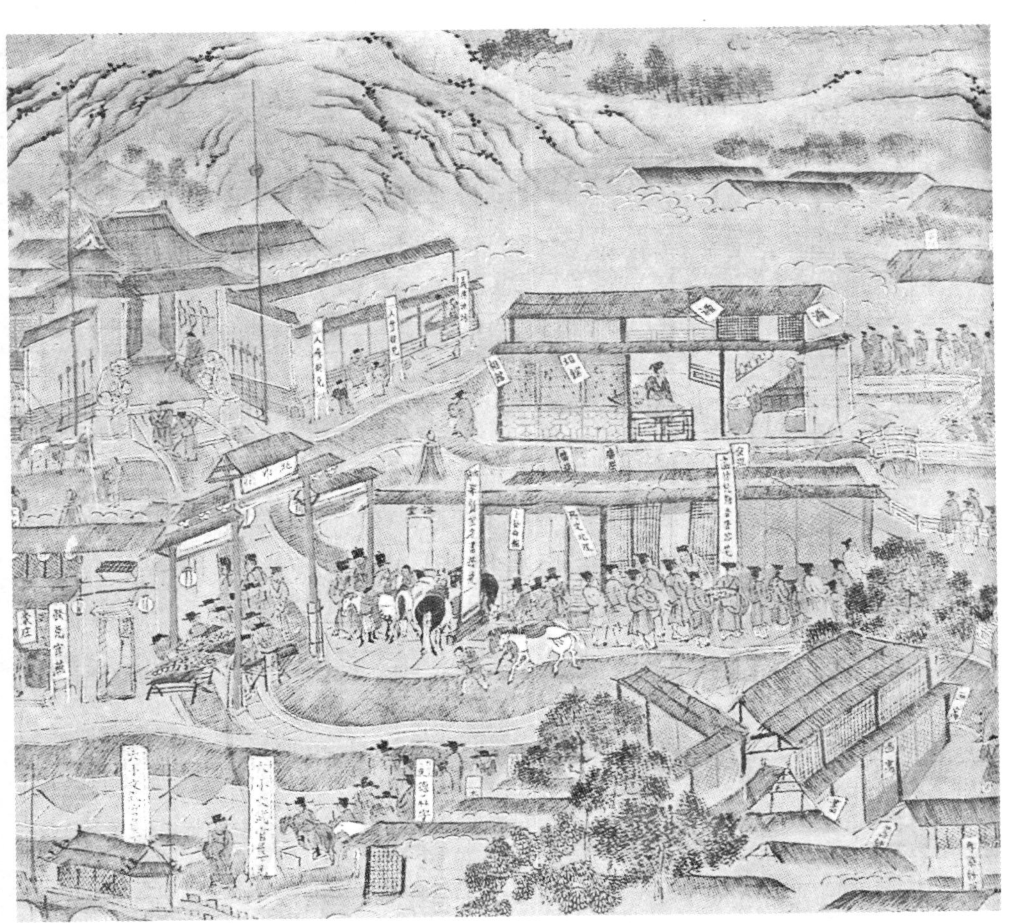

《南都繁会图卷》（局部），其中酒店的招幌引人注目

样，早在先秦时代就已经有了。

酒旗又称“酒帘”，在诗文中屡见不鲜，如南宋大诗人陆游就有“说梅古谓能蠲渴，戏出街头望酒帘”之句。唐代的皮日休《酒中十咏》中专有《酒旗》一首，称：“青帜阔数尺，悬于往来道。多为风所飏，时见酒名号。拂拂野桥幽，翻翻江市好。双眸复何事，终竟望君老。”此外，酒旗又称“酒望”、“酒望子”，这是宋元时代的口语，在《水浒》等小说中可以见到。

至于《韩非子》中卖酒的宋人，是个被取笑的对象。书里说他做买卖很老实诚恳，对客人礼貌有加，酒的味道也醇美，但偏偏无人问津，以至于酒都变质了。他很迷惑，向长者求教：“为啥俺的酒卖不动啊？”“因为你家养的看门狗太凶啦。”“那为啥俺家的狗凶，俺家的酒就卖不动呢？”“因为你家的狗那么凶，打酒的小朋友怎么敢进你家的店门啊？”……类似嘲笑宋人呆傻的故事，在先秦典籍中屡屡可见，这据说是因为宋人是商的后裔，凡是喜欢讲老法，食古不化，不免在“礼崩乐坏”的春秋战国时代被人视为“老锸”。不过，如果按照宋人习惯奉行古法来推测的话，酒旗的出现早至殷商时代，也不是不可能的。

古之善饮者，多至石余①。由唐以来，遂无其人。盖自隋室更制度量②，而斗、石倍大尔。

【注释】

①石（dàn）：古代的容积单位，一石等于十斗。

②隋室：隋王朝。

【译文】

古代人酒量大的，不少能喝到一石以上。从唐代以来，就再没有这样的人了。这大概是因为隋朝更改度量衡制度，斗、石都是原先的一倍大了。

【点评】

古人的酒量有多大，是一个令人困惑的问题。首先说说“石”，石是古代的容积单位，1石合10斗，1斗合10升。但石又可以作为重量单位使用，但1石合多少斤，历代有变化；古代的1斤折合为现在的市斤为多少，历代也不相同。比如汉代的1斤大约相当于现在的250克，即半市斤，而宋代的1斤则相当于600克左右，即1.2市斤。但凡说到酒量，人们虽然用斤两等重量单位来衡量，但实际上谁都不会真的去称酒的重量，而是将一瓶500毫升的酒约略认为1斤。因此，理解这一问题时，还是从容积单位的角度考虑为好。

根据现代学者对汉代容器的实测，当时的1升相当于现在的200毫升，因此1石酒大致可装满33个啤酒瓶（以酒与水比重相等，1啤酒瓶为600毫升约略计算），是一个相当惊人的数字。不过古人常作长夜之饮，个别酒量超群的人能喝下这么多酒也不是不可能的。不过，古人酒量如此之豪，主要与当时酿酒技术无法生产出高度酒有关。白居易曾说“户大嫌甜酒，才高笑小诗”，可知到中唐时，甜酒酿型酒仍是主要的饮用酒。因此唐代以来能饮一石者绝无其人，除了窦苹所述度量衡单位变大之外，更重要的原因是酿酒方法的改良导致酒精含量越来越高；随着后来蒸馏酒（即今天所说的烧酒、白酒）的出现，豪饮一石最终变成了永远的过去。

纣为长夜之饮而失其甲子①，问于百官，皆莫知，问于箕子②。箕子曰：“国君而失其日，其国危矣；国人不知而我独知之，我其危矣。”辞以醉而不知。

【注释】

①纣（zhòu）：名辛，商代的末代君主，为人残暴骄奢，是历史上著名的暴君。甲子：古人用天干和地支递次相配纪年，每六十年一轮回。因甲为天干之首，子为地支之首，统称“甲子”。此处甲子合称，则是代指时间、光阴。

②箕子：纣王的叔父（另说为庶兄），因纣王不听劝谏，佯装发狂而被关押。武王克商后，曾向箕子咨询国政，后将他封于朝鲜。

【译文】

纣通宵达旦地纵饮以至于忘记了时间，向百官询问，没有一个人知道，于是问箕子。箕子心想："身为国君却忘记了时间，国家就危险了；国中无人知道，只有我一人知道，我就危险了。"便托辞说自己喝醉了，也不知道。

【点评】

殷纣王是中国历史上大名昭著的暴君，《史记·殷本纪》说他喜欢美酒和女色（"好酒淫乐，嬖于妇人"），最著名的恶行之一便是沙丘（纣的离宫所在地之一）修筑酒池肉林，通宵纵饮，并且让男女们赤身露体在其中奔逐相嬉，满足自己的变态欲望。

至于上面的这个故事，《史记》中没有记载，最早见于《韩非子·说林上》。不过《说林》这一部分多属寓言，韩非子借以说理，不能完全视为史实。东汉思想家王充在《论衡·语增篇》中就认为此事并不可信。《论语·子张》记载了孔子弟子子贡一番很有些道理的言论，他认为纣王虽然奢靡残暴，但也不像世间所传说的那么坏，不过是因为纣的恶名昭著，所以大家将各类坏事都归于他的身上（"纣之不善，不如是之甚也。是以君子恶居下流，天下之恶皆归焉"）。

之所以围绕纣王饮酒产生了这么多传说，很可能是《尚书》起的作用。《尚书》中有《酒诰》一篇，是周公以纣王纵酒好色以致亡国的教训垂训世人，其中虽未出现"长夜之饮"，但恐怕这便是后来种种传说的滥觞吧。

魏正始中①，郑公悫避暑历城之北林②。取大莲叶置砚格上，贮酒三升，以簪通其柄③，屈茎如象鼻，传噏之④，名为碧筒杯。事见《酉阳杂俎》⑤。

【注释】

①正始：三国魏齐王曹芳的年号，共9年，从240年至248年。

②历城：古县名。汉代始设，属青州济南郡，在今山东济南。

③簪（zān）：古人用于固定发髻或冠的针状物，无论男女都使用。如杜甫《春望》："白头搔更短，浑欲不胜簪。"

④噏（xī）：吸。

⑤《酉阳杂俎》：唐人段成式写作的一部笔记小说集，全书由前集二十卷、后集十卷两部分组成。内容驳杂，多载传奇诡异之事。段成式，字柯古，临淄（今山东淄博）人，晚唐文学家。父段文昌曾在唐宪宗朝任宰相。

《晚笑堂画传》中举杯饮酒的王勃

【译文】

魏正始年间，郑公悫在历城的北林避暑。他摘取大荷叶放在砚台的格上，里面盛着三升酒，用发簪贯通荷叶的叶柄，将叶茎弯成大象鼻子状，从里面吸酒喝，称之为"碧筒杯"。这个故事记载于《酉阳杂俎》中。

【点评】

碧筒构思巧妙，既在外观上饶有天然妙趣，同时还有调节滋味的作用，段成式说碧筒杯能使"酒味杂莲香，香冷胜于水"。在炎炎夏日，能用这样有趣的酒具饮用带有荷叶香味的美酒，真是风流无限的赏心乐事，后人多有仿效。如宋王谠《唐语林》卷三记载，中晚唐时代的宰相李宗闵“暑月以荷为杯”。苏东坡在杭州任官时，夏天泛舟西湖，以莲叶盛酒和菜肴，待日光和高温将莲叶香味逼入酒菜后食用，据说美味绝伦。他还作诗赞叹道：“碧筒时作象鼻弯，白酒微带荷心苦。”（《泛舟城南会者五人分韵赋诗得人皆若炎字四首》之三）

历代吟咏碧筒杯的诗句，也是层出不穷，如杜甫《陪郑广文游何将军山林十首》之八：“醉把青荷叶，狂遗白接䍦。”唐人戴叔伦《南野》：“茶烹松火红，酒吸荷叶绿。”元人张羽更专门写作《碧筒饮》诗：“采绿谁持作羽觞，使君亭上晚樽凉。玉茎沁露心微苦，翠盖擎云手亦香。饮水龟藏莲叶小，吸川鲸恨藕丝长，倾壶误展淋郎袖，笑绝耶溪窈窕娘。”

晋阮修常以百钱挂杖头[①]，遇店即酣畅。

【注释】

①阮修：原文误作“阮籍”。阮修字宣子，陈留尉氏（今河南开封）人，是阮咸之侄，阮籍的侄孙。

【译文】

晋代的阮修总是将百枚铜钱挂在扶杖头上，遇到酒店就进去畅饮一番。

【点评】

此事在《世说新语》、《晋书·阮修传》中均有记载。据史书记载，阮修喜读《易经》、《老子》，性格高傲，对俗人不肯假以颜色。家中十分贫穷，经常到没有饭吃的地步，所以至四十岁仍未娶妻，最后名士王敦等人为他凑钱结婚，若是他看不上眼的人，就算求着捐钱也会被拒绝，可以说是穷到了极点，也傲到了极点。

阮修杖头挂钱的故事流传极广，“杖头钱”也成为指代买酒的熟典，历代诗文中多有出现。如唐人王绩《戏题卜铺壁》:“旦逐刘伶去，宵随毕卓眠。不应长卖卜，须得杖头钱。”陆游《闲游》其二：“好事湖边卖酒家，杖头钱尽惯曾赊。垆边烂醉眠经日，开过红薇一架花。”

山简在荆襄[1]，每饮于习家池[2]。人歌曰："日暮竟醉归，倒着白接䍦[3]。"接䍦，巾也。

【注释】

①山简（253—312年）：字季伦，"竹林七贤"之一山涛的第五子，官至尚书左仆射。西晋末年，天下大乱，山简镇守荆州，招募流亡民众，不久病亡。

②习家池：又名"高阳池"，位于襄阳凤凰山（又名白马山）南麓，东汉光武帝建武年间由襄阳侯习郁修建。

③接䍦（lí）：古代的一种头巾。

【译文】

山简在荆州襄阳时，常去习家池饮酒。人们作歌吟咏道："天色黄昏，他醉醺醺地回来，白色的接䍦也戴反了。"接䍦就是头巾。

【点评】

这个故事也称"山简醉酒"，出自《世说新语·任诞》，《晋书·山简传》中也有记载。故事看似风雅，实则带着讽刺。山简在荆襄，并非闲居，而是做官。不仅是做官，而且是在非常时期做非同寻常的官。

高士饮酒宴乐纹嵌螺钿铜镜

按照《晋书》的记载，山简是永嘉三年（309）到襄阳上任的。此时已是西晋末年，从前一任皇帝晋惠帝（此君是中国历史上有名的白痴）开始，西晋王朝先是陷入皇族内乱，随后又接以北方诸少数民族的蜂起，已是板荡分崩，朝不保夕了。山简于此时临危受命，得到的任命是“征南将军、都督荆湘交广四州诸军事、假节，镇襄阳”，用现代的话来说，他是以“征南将军”的官衔统领湖南、湖北、广东、广西一带的最高军事指挥官，战区司令部设在襄阳。晋王朝做出这一人事任命的用意也很明显，就是在北方已经大乱的情况下，希望山简能在南方组织起一支可用的军队。然而，山简在荆州的表现真是让人大跌眼镜，整日游乐饮酒（“优游卒岁，唯酒是耽”），时常醉得上马时搞不清楚方向，如张国老一般倒骑，居然也安步如仪。

如此文恬武嬉的结果，当然是可以想见的。匈奴族首领刘聪进攻西晋首都洛阳，山简派出手下将领王万兴师勤王，结果涅阳一战，被打得大败，从此丧失了主动进攻的能力，只能闭城固守。洛阳陷落后，山简连襄阳也守不住了，撤退至夏口。当时有不少宫廷乐师流亡到荆襄一带，某次举行宴会，僚佐们提议奏乐助兴。山简很沉痛地说：“国家危亡，我不能挽救，已经是晋朝的罪人了，还谈什么奏乐啊！”在座的人无不羞愧难当。可见山涛倒也不是全无心肝。不久之后，山简便死去，时年六十。

山简饮酒作乐的习家池是始建于东汉的古迹，今天仍然是襄樊游玩的好去处。之所以又名“高阳池”，也与酒的掌故有关。秦汉之交，有一狂生郦食其（jī），是陈留高阳（今河南杞县）人。刘邦率兵至陈留，郦食其前去投效，自称“高阳酒徒”。从此，“高阳”也就成了酒的代名词。

扬雄嗜酒而贫①，好事者或载酒饮之。

【注释】

①扬雄：字子云，蜀郡成都（今四川成都）人。西汉著名文学家、学者。在文学创作上，以学习司马相如写作大赋而闻名，代表作有《甘泉赋》、《河东赋》、《羽猎赋》等。除了文学创作外，扬雄好学深思，模拟《论语》作《法言》，仿《易经》作《太玄》，并著《方言》一书，是我国最早的方言字典。

【译文】

扬雄喜欢喝酒却很贫穷，好事的人便送酒给他喝。

【点评】

这故事又称“载酒从学”。扬雄嗜酒而贫，史有明文。按照《汉书》的说法，他家产不过“十金”，经常断粮。平时很少有人来拜访扬雄，只有好事者为了研习学问，向他请教，才会带着酒菜去。只要有酒喝，扬雄是来者不拒、有教无类的。

不过奇怪的是，后来这却成了扬雄的罪过之一。刘勰在《文心雕龙·程器》中讨论“文士之疵”时，就说“扬雄嗜酒而少算”。所谓“少算”，是指扬雄曾写文章赞美篡汉的王莽，用现在的话来说，是站错了队，政治上犯了错误，刘勰对此加以指责，还是可以理解的。但嗜酒，一则不算大毛病，二则历代嗜酒的文人所在皆是，特别是扬雄之后的魏晋时代，文人中痛饮成性的酒中好汉，比比皆是，为何偏偏要苛责扬雄呢？孔子提倡“有教无类”，只要能交给他“束脩”（干肉），就可以跟着学习。扬雄也是有教无类，不过把学费从束脩变成美酒而已。既然没有人批评孔子贪吃，那也就不必指责扬雄嗜酒了。

陶潜贫而嗜酒，人亦多就饮之。既醉而去，曾不恡情[①]。尝以九日无酒，独于菊花中徘徊。俄见白衣人至，乃王弘遣人送酒也[②]。遂尽醉而返。

【注释】

①既醉而去，曾不恡（lìn）情：此句源自陶渊明《五柳先生传》，原文为“既醉而退，曾不吝情去留”。恡，同“吝”，吝惜。这里是说并不以去留别离而感到不快。

②王弘：字休文，东晋刘宋之交大臣，曾祖为东晋开国功臣王导。

【译文】

陶潜家贫却又喜爱饮酒，便有不少人招他去喝酒。他喝醉了就离去，并不以去留为意。曾

《渊明醉归图》

经因为一连九天没有酒喝，独自在菊花丛中徘徊。突然看见有白衣人来，原来是王弘派人给他送酒。于是痛饮，直至酒尽人醉才回家。

【点评】

这个故事又称“白衣送酒”，发生于东晋义熙末年。当时出身于第一流的士族名门琅玡王氏的王弘任江州刺史，想要结识陶渊明，却苦无门路。后来听说陶渊明要去庐山，王弘找陶渊明的老友庞通之，让他在半道上设酒等候。陶、庞两人在路上“巧遇”，欣然畅饮。王弘随后赶来同饮，陶渊明也不以为意，三人宴饮甚欢。之后王弘就时不时地送酒给陶渊明。

“资助”陶渊明喝酒的并不止王弘一人，当时有名的诗人颜延之也是他的酒友。颜延之在江州做官时，经常造访陶家，每至必饮，每饮必醉。临走前，颜延之还送给陶渊明二万钱，结果被陶渊明悉数送至酒铺，作为预付款。

除了王、颜二人之外，陶渊明的亲朋也都知道他嗜酒而无钱，便经常请他来家中饮酒。陶渊明在自传文《五柳先生传》中，就坦承自己去亲友家喝酒是毫不客气的，每次都要喝个一干二净，醉而后已（“造饮辄尽，期在必醉”），然后就扬长而去。

我们今日发思古之幽情，感叹陶渊明洒脱不羁的同时，必须要感谢王弘、颜延之和那些不知名的陶渊明的亲友，是他们慷慨赠酒，成就了陶渊明那么多关于酒的名句名篇。据有些学者的推测，陶诗中《九日闲居》一首，可能就作于“白衣送酒”之际。苏东坡说酒是“钓诗钩”，殆非虚言。

《魏氏春秋》云①：“阮籍以步兵营人善酿②，厨多美酒，求为步兵校尉③。”

明刻本《赋归记》中“白衣送酒图”

【注释】

①《魏氏春秋》：也称《魏春秋》，是记载三国魏历史的编年体史书。原书二十卷，今已散佚，仅存辑本一卷。作者孙盛，字安国，太原中都（今山西太原）人。他是西晋学者、史学家，除《魏氏春秋》外，还著有《易象妙于见形论》、《晋阳秋》。

②阮籍：字嗣宗，陈留尉氏（今河南开封）人，正始文学的领袖，“竹林七贤”之一。喜好老庄之学，放浪形骸，狂放不羁。他在文学上的代表作为《咏怀》八十二首，以风格高古、情致幽深而著称。有《阮步兵集》传世。

③步兵校尉：此官职始设于汉代，负责掌管宿卫兵（皇帝的禁卫部队）。

【译文】

《魏氏春秋》称："阮籍因为步兵营里的人善于酿酒，厨房中有很多美酒，故而请求担任步兵校尉。"

【点评】

"竹林七贤"——阮籍、嵇康、山涛、向秀、阮咸、刘伶、王戎——是魏晋风流的象征，这七人无不好酒，经常聚会于竹林之下，开怀畅饮。七人中以刘伶的纵饮无度最为世人所知，但实则阮籍的嗜酒纵酒，并不亚于刘伶，嵇康就曾说他饮酒无节制（"饮酒过差"），《世说新语》、《晋书·阮籍传》更是记载了诸多阮籍的酒事。

阮籍是至情至性之人，却又不幸生活于风云谲密、杀机四伏的魏晋之交。面对凶险的时局，他用不问世事的态度来明哲保身，同时又痛感当时"礼教"的虚伪可憎，心中苦闷压抑，却不能也不敢直抒胸臆，于是便有了那句惊世骇俗的名言——"礼岂为我辈设哉"，以特立独行的狂放举动无视礼教的约束，来婉转委曲地排遣不满和压抑，其中酒是他的重要工具之一。

阮籍正与人下棋，传来母亲的死讯，对方要求停局，他却执意要下完，同时饮酒二斗，终局时哀伤难忍，吐血数升。裴楷前去吊唁，阮籍又是酩酊大醉，披头散发地坐着，旁若无人，也不回礼示谢。裴楷心胸宽厚，也不以为意。

服丧期间，阮籍参加司马昭举办的宴会，大吃酒肉，"礼法之士"何曾立刻借题发挥，杀机毕现地对司马昭说："明公您正在以孝道治理天下，阮籍正在服重丧，却来参加宴会，而且饮酒吃肉，毫无顾忌，您应该立刻将他流放到蛮荒之地，以端正风气。"何曾满口仁义道德，实质无非是借给阮籍罗织罪名，向司马昭表达忠心。幸而司马昭对于名满天下的阮籍有拉拢之意，反而将何曾训斥了一番。

除了作为麻醉痛苦、排遣苦闷的工具之外，酒还是阮籍明哲保身、远离祸患的手段。当时人心叵测，稍有不慎就会有杀身之祸。钟会为人阴险狡诈，他数次询问阮籍对时政的看法，想借机编造罪名，陷害阮籍。阮籍心知肚明，每每喝得酩酊大醉，不省人事，使钟会的阴谋无从得逞。

唐王无功以美酒之故[①]，求为大乐丞[②]。丞最为冗职[③]，自无功居之后，遂为清流[④]。

【注释】

①王无功：即王绩，无功为其字，号东皋子，绛州龙门（今山西河津）人，生活于隋唐之交。其兄王通是当时著名的思想家。王绩幼有神童之名，但仕途不得意，最后弃官隐居，以好酒著称，有《王无功集》传世。

②大乐丞：即太乐丞。唐代太乐署的副长官，设一人，从八品下。

③冗（rǒng）职：闲散不足重的官职。

④清流：原指士大夫中德行高洁并有声望者，这里指声望清贵的官职。

【译文】

唐代王无功因为美酒的缘故，请求担任太乐丞。太乐丞本来是无足轻重的职位，自从王无功出任之后，就成了清贵的官职。

【点评】

说起文人嗜酒，我们最容易想起的是阮籍、陶渊明、李白，而生活于隋唐之际的王绩的诗名虽然不及上述三人，酒名却毫不逊色，他写作的《醉乡记》等也是酒文学中的名篇。

王绩的一生与酒相关。他十五岁时谒见隋王朝的宰辅重臣杨素，声名鹊起，当时有“神仙童子”之称。随后举孝廉高第，授秘书省正字（这是隋唐时代年轻精英最常见的官场起步点），本来有着很好的前途；但是他生性狂放倨傲，特立独行，竟主动放弃了前景良好的朝官身份。后来出任六合县丞，又因酗酒过度而荒废政务。唐代建立后，下诏授官给曾在隋朝任官者，王绩也在其中，所得到的官职是待诏门下省。弟弟王静问他：“待诏这个官职好不好？”他答道：“待诏俸禄微薄，不过每天给好酒三升，就这点还值得留恋。”上司听说了，也不以为忤，反而说：“看来三升好酒还很难留住王绩啊！”特许每天给他一斗美酒。王绩由此得了“斗酒学士”的美名。

《醉儒图》

到了贞观年间，王绩听说太乐署的小吏焦革会酿美酒，于是自请去那里任官。吏部起初不同意，但最终还是架不住王绩的反复请求而批准了。想当年阮籍因为步兵营中多储美酒，而求步兵校尉；陶渊明因为做县令可收获公田的粮食酿酒喝，而求彭泽县令；求官不为官而为酒，这是他们三人的共同点。后来焦革死去，他的妻子知道王绩好酒，仍然继续送酒给王绩。但不幸的是，过了一年多，焦革的妻子也过世了。于是太乐署再也无好酒可喝，王绩感叹道："这是老天爷不让我享受美酒啊！"（天不使我酣美酒耶！）于是他辞官回乡，结识了同样嗜酒如命的隐士仲长，两人相邻而居，终日对饮，自得其乐。王绩家中有奴婢有地，于是种黍酿酒，自给自足。此外，王绩还在家乡为酒神杜康建祠祭拜，撰写了《祭杜康新庙文》，并将他私淑的酿酒老师焦革也供在庙中配祀；据说他还写作了《酒经》、《酒谱》，其中记载了焦革的酿酒妙法以及杜康以来历代善于酿酒者。嗜酒、饮酒、酿酒、祭酒、写酒，只有我们想不到的，没有王绩不曾涉足的。

王绩的酒量也很了得，他曾仿陶渊明《五柳先生传》，作自传《五斗先生传》，称自己“以酒德游于人间”，“常一饮五斗”。表面上看，魏晋时很多人能饮一石以上（十斗一石），要超过王绩；但隋代曾改变度量衡制度，同为一斗，要大过魏晋时不少。因此，王绩能饮五斗是很了不起的。他又仿陶渊明《自祭文》，作《自撰墓志铭》，其中特意提及自己“以酒德游于乡里”。不久后，唐太宗贞观十八年（644），王绩卒于家中。

北齐李元忠大率常醉①，家事大小了不关心，每言“宁无食，不可无酒”。

【注释】

①北齐（550—578）：南北朝时代的北方王朝之一。其前身为东魏，创始者为高洋，灭于北周。李元忠：原文误作“李元中”，据《北齐书》改。李元忠，赵郡柏人（在今河北隆尧西）人，北魏北齐间大臣。

【译文】

北齐时的李元忠经常是醉醺醺的，家中大小事务一点都不关心，常说“宁可不吃饭，不能没酒喝”。

【点评】

李元忠生性好酒，在北齐历史上是很有名气的，《北齐书》上称他“虽居要任，初不以物务干怀，唯以声酒自娱”，很有魏晋名士的派头。除了“宁无食，不可无酒”这句名言之外，李元忠还自称以阮籍为师，其好酒而不拘小节，可以想见。

今人元日饮屠苏酒①，云可以辟瘟气。亦曰“婪尾酒”②，或以年高最后饮之，故有尾之义尔。

《元日图》

【注释】

①元日：农历正月初一。屠苏酒：一种药酒。

②婪（lán）尾酒：婪有最后、末尾之义。婪尾酒指巡酒一圈至最后。

【译文】

现在人们正月初一饮屠苏酒，说是可以驱除瘟气。这种酒也叫"婪尾酒"，也许是因为喝这种酒时年长者排在最后，所以有末尾的含义吧。

【点评】

正月初一喝屠苏酒的习俗，并不始于窦苹身处的宋代，而可以上溯到更早。南朝梁代宗懔《荆楚岁时记》称，正月初一全家老幼均要穿戴得整齐隆重，按次序拜贺新年，然后饮椒酒（用花椒浸泡的酒）、柏叶酒（用柏叶浸泡的酒）、桃汤与屠苏酒，次序是从年纪最幼者开始，年长者最后喝，目的在于庆贺新禧、向老人祝寿与辟邪。

年长者最后饮屠苏酒，有祝贺长寿之义，不过在诗人笔下，屠苏酒却常带着年老体衰、亲友凋零的凄凉意味。如"唐宋八大家"之一的苏辙晚年就曾感叹："年年最后饮屠酥，不觉年来七十余。"（《除日》）

王莽以腊日献椒酒于平帝①，其屠苏之渐乎？

【注释】

①王莽：字巨君，汉元帝皇后王政君之侄。王莽幼年丧父，早年勤谨好学，礼贤

下士，声誉极佳，得到伯父王凤的赏识，成为西汉末年王氏外戚集团的重要人物，最终在汉平帝时实际掌握了政权。随着地位权势的不断提高，他的野心也随之膨胀。元始五年（5）汉平帝驾崩，王莽立仅两岁的孺子婴为帝，自己为“假皇帝”，三年后，正式篡汉称帝，改国号为“新”。后因推行仿西周制度的复古改革引发严重的社会混乱，导致大规模起义，身死国灭。腊日：农历十二月初八。平帝：即汉平帝刘衎，汉元帝之孙，中山孝王刘兴之子，西汉的倒数第二位皇帝。因汉哀帝死后无子，以外藩旁支的身份继承帝位。在位5年，元始五年（5）死。不久后，王莽就篡夺了西汉政权。

【译文】

王莽在腊日向汉平帝进献椒酒，这大概就是屠苏酒的滥觞吧。

【点评】

岁末年初向尊长进献椒酒这一习俗，在汉代广泛存在，汉人崔寔的《四民月令·正月》就有“各上椒酒于其家长”的记载。之所以饮椒酒，是因为古人认为椒是“玉衡星精”，具有延年益寿的功效。

元魏太武赐崔浩漂醪十斛①。

【注释】

①元魏（386—533）：即北魏，南北朝时代的王朝之一。由鲜卑族拓跋氏建立，后分裂为东魏、西魏，分别被北齐、北周所取代。北魏皇室原姓拓跋，因孝文帝汉化改革，废除鲜卑姓氏，改姓元氏，故而又称“元魏”。太武：北魏第三帝太武帝，名拓跋焘，在位28年，死于正平元年（451）。崔浩：字伯深，出身于士族名门清河崔氏。他自幼好学，博通经史，尤其擅长占卜。历仕北魏道武、明元、太武三帝，官至司徒。因触怒太武帝，太平真君十一年（450）被处死。斛（hú）：古代的容积单位，一斛为十斗。

【译文】

北魏太武帝赏赐给崔浩十斛漂醪。

【点评】

崔浩出身于名门，兼以才学优长，颇受北魏皇帝的重视优遇，太武帝赐御酒，就是他们君臣相得的明证。但最终崔浩却在年逾古稀时，因触怒太武帝（具体原因还有争论）而遭横死，印证了“伴君如伴虎”这句名言的正确。

唐宪宗赐李绛酴醿、桑落[①]，唐之上尊也，良醖令掌供之。

【注释】

①唐宪宗：名李纯，唐顺宗长子，在位15年。其间励精图治，着力打击渐成割据势力的藩镇，有“元和中兴”之称。元和十五年（820），被宦官谋杀，时年43岁。李绛：字深之，中唐政治家，以忠言直谏、勤于职守著称。曾在宪宗朝为相，文宗大和四年（830），李绛奉旨赴四川讨逆，被乱军所害。酴醿（tú mí）：一种经几次复酿而成的甜米酒，或称用酴醿花浸渍的酒。桑落：古代美酒名。该酒酿成时正值桑叶凋落之际，因而得名。

【译文】

唐宪宗赏赐给李绛酴醿酒、桑落酒，这是唐代的上等酒，由良醖令专门掌管。

【点评】

唐宪宗赐李绛酴醿酒一事，见《新唐书·李绛传》。起因是同为丞相的李吉甫拍宪宗的马屁，称赞“天子威德”。宪宗听后十分受用，沾沾自喜，李绛马上直言时局艰难，警示宪宗。宪宗感叹李绛能犯颜直谏，是“真宰相”，于是派使者赐酒，李绛忠言，宪宗纳谏，是当时的一段佳话，颇类似当年魏徵之于唐太宗。

汉高祖为布衣时①，常从王媪、武负贳酒②。贳酒之称，始见于此。

【注释】

①汉高祖：即刘邦，西汉的开国皇帝。布衣：无官职的百姓。

②贳（shì）：赊欠。

【译文】

汉高祖还是寻常百姓时，经常从王媪、武负那里赊酒喝。贳酒这种说法，最早见于此。

【点评】

刘邦出身市井，是很有些无赖气的。司马迁写《高祖本纪》，直说他“好酒及色”，毫不避讳。王媪、武负赊酒给他，未尝没有惧怕这位太岁的成分在——因为《高祖本纪》还说刘邦做泗水亭长时，手下的僚吏没有不被他欺侮的。不过刘邦毕竟不是寻常的流氓混混，每次付帐的时候，给钱都超过酒价数倍。所以每到年关，王媪、武负也不好意思再问刘邦要帐，把他打的白条毁了了事。

再说刘邦做上皇帝后，风光无比地回到老家沛，招待父老乡亲们“纵酒”，一连欢闹了十几天。有一天酒酣耳热后，刘邦意气素霓生，不禁起舞高歌：“大风起兮云飞扬，威加海内兮归故乡，安得猛士兮守四方？”唱罢之后，他情难自已，泪下沾襟。这便是著名的《大风歌》。

《鸿门宴》

西汉以来，腊日饮椒酒辟恶。其详见《四民月令》[①]。

【注释】

①《四民月令》：东汉崔寔撰。“月令”一名最早始于《礼记·月令》，其内容为一年十二个月相应的农事政务。后来有一类时令类书籍，往往以“月令”为名，按季节月份记载相应的农事、习俗等。

【译文】

西汉以来，有十二月初八饮用椒酒辟恶驱邪的习俗。详细情况见《四民月令》。

【点评】

椒酒与雄黄酒等一样，古人被视为可以辟恶驱邪，而这类药酒的共同特点是用气味浓烈的物品浸泡而成，无论是否真有药用功效，它们的饮用口味肯定是不甚美好的。

天汉三年[①]，初榷酒酤[②]。始元六年[③]，官卖酒，每升四钱，酒价始此。

汉画砖《酤酒图》

【注释】

①天汉：汉武帝刘彻使用的第八个年号，共4年。天汉三年为公元前98年。

②榷：专卖，尤其指国家垄断专卖。

③始元六年：此处原作“元始五年”，据《汉书》改。始元为汉武帝之子汉昭帝年号，六年为公元前81年。元始为汉哀帝年号，五年为公元5年。

【译文】

天汉三年，首次对酒实施专卖。始元六年，官府卖酒，每升价四钱，从此开始有了酒价。

【点评】

榷酒酤是一种国家专卖专营制度，不仅禁止民间卖酒，实际也禁止了民间私酿。汉武帝设立榷酒酤，与其连年对外用兵，造成财政紧张有很大关系。除了酒以外，当时盐铁等物资也在专卖范围内。武帝的用意是借助专卖制度，获取巨额利润，填补空虚的国库。但这一制度是典型的与民争利，完全不得人心，在实际操作层面也很难贯彻。始元六年（前81）初，昭帝诏令讨论经济政策，由此引发了著名的“盐铁之议”，议论的焦点就是各项专卖制度，经过激烈辩论，当年七月正式下诏“罢榷酤官，令民以律占租，卖酒升四钱”。意思是废止专卖，改为征收每升四文钱的酒税（并非将酒价定为每升四钱，《酒谱》此处叙述有误）。

之后榷酒酤这一政策时行时废，如在南北朝，陈代与北周均曾实行榷酤，不久后隋朝又将其废止；总之变幻无常而不离其宗，实行专卖往往是因财政空虚，废止则是因为无法真正落实。

任昉尝谓刘杳曰[①]：“酒有千日醉，当是虚名。”杳曰：“桂阳程乡有千里醉[②]，饮之，至家而醉，亦其例也。”昉大惊。乃云：“出杨元凤所撰《置郡事》[③]。”检之而信。又尝有人遗昉榚酒[④]，刘杳为辨其榚字之误。榚音阵，木名，其汁可以为酒。

陈洪绶《斗酒图》

【注释】

①任昉（fǎng）：字彦升，乐安博昌（今山东寿光）人。南朝文学家，擅长写作表、奏、书、启等文体，当时与沈约齐名。历仕宋、齐、梁三代，为官清廉。刘杳：字士深，南朝学者，以博闻强识闻名。

②桂阳程乡：程乡属桂阳郡郴县（今湖南郴州）。

③杨元凤所撰《置郡事》：杨元凤，生平未详，三国时人。《置郡事》今已失传，内容不详，可能为桂阳的地方志。

④遗（wèi）：赠送。

【译文】

任昉曾经对刘杳说："所谓'千日醉'这种酒，怕是名不副实吧。"刘杳说："桂阳程乡有酒，名为千里醉，喝了这种酒，回到家里才开始醉，就是这样的实例。"任昉大为惊讶。刘杳又说："此事见于杨元凤所撰写的《置郡事》。"任昉翻书一看，果然如此。又曾经有人送给任昉榅酒，刘杳更正了任昉对“榅”字的错误认识。“榅”的读音与“阵”相同，是树木名，树汁可以酿酒。

【点评】

刘杳博综群书，是当时的饱学之士。当时的文坛领袖沈约、任昉有学问上的困惑，都来向他请教。《梁书·刘杳传》的大部分篇幅都是记载诸人向刘杳请教的内容。不过刘杳本人并不喜欢喝酒，昭明太子萧统还因此开玩笑，说他以不嗜酒的性格“而为酒厨之职”，与古人相合。——刘杳时任步兵校尉，正是当年阮籍因厨中有美酒而求的官职。

任昉向刘杳讨教“千日醉”一事，当时流传很广，北朝人郦道元还将其收入了他所作的《水经注》。程乡自古出产美酒，从汉代开始就很有名气，在西汉邹阳的《酒赋》、三国时的《吴录》、北朝郦道元《水经注》、唐李吉甫《元和郡县志》中均曾提及。程乡出产的美酒，名为“程酒”，或称“若下”，又以“若下”而为世人推重，成为美酒的代名词，如苏轼《西太一见王荆公旧诗偶次其韵》之二：“但有樽中若下，何须墓上征西。闻道乌衣巷口，而今烟草萋迷。”

《春秋说题辞》曰[①]：为酒据阴乃动。麦，阴也；黍[②]，阳也。先渍麹而投黍[③]，是阳得阴而沸，乃成。

【注释】

①《春秋说题辞》：《春秋纬》中的一篇。

②黍（shǔ）：小米的一种，也称“黄米”，有黏性，可酿酒。

③麹（qū）：即酒曲，用麦、麸皮、大豆等制成。

【译文】

《春秋说题辞》说：酿酒要以阴性为基础才能发酵变质。麦是阴性的，黍是阳性的。先浸渍酒曲，然后将黍放入，这样阴阳相遇沸腾，酒就酿成了。

【点评】

古人认为世间万物皆有阴阳，用它来理解世界、解释世界，这一倾向在谶纬流行的汉代尤为突出，对于酒当然也不例外。若从科学的角度来解释，古代使用粮食作物酿酒的基本原理大致可以简述如下：粮食中的淀粉水解为麦芽糖、葡萄糖，通过酵母菌的无氧呼吸将糖变成乙醇（也就是酒精）。但是如果乙醇进一步氧化，就会变为乙酸，而乙酸是食用醋的主要成分，所以人们常说酿酒不成反成醋，其化学原理就在于此。

《淮南子》云[①]："酒感东方木水风之气而成。"其言荒忽，不足深信，故不悉载。

【注释】

①《淮南子》：又称《淮南鸿烈篇》，西汉淮南王刘安召集门客所撰写。原书有内篇二十一篇，中篇八篇，外篇三十三篇。现仅存二十一篇，应即是内篇。《淮南子》是杂家著作，其中道家的成分较多。

【译文】

《淮南子》说："酒是东方木水风之气相感应作用而成的。"这个说法荒诞离奇不足信，因此这里不详细记载了。

【点评】

《淮南子》成书于西汉，而汉代正是阴阳五行学说大行其道的时代，因此连酒也被笼上了一层神秘色彩。

《楚辞》云："奠桂酒兮椒浆[①]。"然则古之造酒皆以椒桂。

【注释】

①奠桂酒兮椒浆：出自《九歌·东皇太一》。奠，祭祀时献供品。浆，指淡酒。

【译文】

《楚辞》写道："献上桂酒和椒浆。"如此看来，古代都是用花椒、桂花造酒的。

【点评】

此处窦苹的说法有误。《楚辞》王逸注称："桂酒，切桂置酒中也。椒浆，以椒置浆中也。"可知桂酒与椒浆并非以桂花、花椒为原料酿制，而是将椒、桂浸渍在成酒，取其芳香而已。《九歌》是祭神乐曲，而东皇太一是群神之首，用花椒、桂花浸酒，为的是用浓烈的香味招引众神。

《吕氏春秋》云①："孟冬命有司②：秫稻必齐，麹蘖必时③，湛炽必洁④，水泉必香，陶器必良，火齐必得⑤，厉用六物⑥，无或差忒⑦，大酋监之⑧。"

【注释】

①《吕氏春秋》：秦相国吕不韦召集门客所撰写，又名《吕览》。全书分为八览、六论、十二纪。此书杂糅诸家学说，是一部杂家著作，其中又以儒家学说为最多。

②孟冬：指农历冬季的第一个月，即十月。有司：负责相应事务的官职。

③蘖（niè）：谷物的嫩芽，可用于发酵。

④湛炽：也作"湛熺"，酿酒时浸渍、蒸煮米曲的工序。这一过程必须保持洁净，否则就会导致变质。湛，浸泡。炽，用大火烧煮。

⑤火齐：指蒸煮米曲的火候。

⑥厉用六物：此句《礼记》、《吕氏春秋》均作"兼用六物"。六物，即指上文所说的秫稻、麹蘖、湛炽、水泉、陶器、火齐，这是酿酒所必需的材料和工序，因此后来"六物"

王素《饮酒图》

也成为酒的代称。

⑦差忒（tè）：差错。

⑧大酋：古代最高级的酒官，周代称之为“酒人”。

【译文】

《吕氏春秋》说：“冬季的头一个月命令相关官吏：秫稻必须齐备，制作酒曲必须按照时令，浸渍、蒸煮米曲时必须保持干净，酿酒所用的泉水一定要芳香，所用的陶器一定要精良，火候必须恰到好处，将以上六样结合起来，不要有什么差错，由大酋负责监督。”

【点评】

这段文字最早出于《礼记·月令》，被抄入《吕氏春秋·仲冬》，是现存最早的酿酒技术文献之一。使用麹蘖（酒曲）酿酒，是我国古代长期使用的酿酒法。我们知道，酿酒的实质是使糖发酵变为乙醇。古人大多以粮食酿酒，粮食的主要成分淀粉属于多糖，与水果、蜂蜜、乳汁等所含的蔗糖（属双糖类）和葡萄糖（属单糖类）不同，无法直接发酵，必须借助蘖（发芽的谷物中含有糖化酵素）和酒曲（实质是一种人工培养的霉菌）才能使其发酵。由于在酿造过程中很容易受到其他微生物的污染而变质，所以对于取水、投曲、蒸煮火候等步骤都有严格要求，上文正是先秦时代的酿酒技术要求的明确体现。

唐薄白公以户小[①]，饮薄酒。

【注释】

①户：酒量。

【译文】

唐薄白公因为自己酒量不行，就喝薄酒。

【点评】

“户”指酒量，在古汉语中也是不常见的。除此之外，白居易也曾有“户大嫌甜酒”的诗句。

五代时有张白[①]，放逸，尝题崔氏酒垆云："武陵城里崔家酒，地上应无天上有。云游道士饮一斗，醉卧白云深洞口。"自是酤者愈众[②]。

【注释】

①五代（907—960）：中国历史分期之一，指唐宋之间的后梁、后唐、后晋、后汉、后周五个朝代。张白：唐末五代道士，有诗名。

②酤：买酒。

【译文】

五代时的张白，为人狂放不羁，曾经给崔家酒铺题诗道："武陵城中崔家的酒，不是人间所应有。云游各地的道士喝它一斗，醉着躺倒在白云深处的山洞口。"从此到这家酒铺买酒的人更加多了。

【点评】

张白的诗并不佳，但是其广告效应倒是相当了得，可见诗歌也不是完全无用的。

卞彬喜饮[①]，以瓠壶、瓢勺、杬皮为肴[②]。

【注释】

①卞彬：字士蔚，济阴冤句（今山东菏泽）人，历仕南朝宋、齐两代。

②瓠（hú）壶：即葫芦。瓢勺：将葫芦剖开而制成的勺子。杬（yuán）皮：树名。树皮可用于煎汁腌渍食物。

【译文】

卞彬喜欢喝酒，用葫芦、瓢勺、杬皮烹制下酒菜。

【点评】

卞彬是南北朝时代的一位奇士。史书上说他家贫，"颇饮酒，摈弃形骸"，又写作《禽兽决录》，指刺权贵。喜欢用葫芦制做各种生活用具，比如说用大葫芦做成火笼（放置小火盆用以取暖的笼状用具）；不喜欢洗澡洗头等个人卫生活动，一件衣服可以穿十多年不换，身上长满虱子，还自得其乐，并作《蚤虱赋序》来细加描写。这类行为放达怪诞的奇人在魏晋六朝比比皆是，所作所为也是花样百出，不过嗜酒往往是他们的共同点。

陶潜为彭泽令①，公田皆令种黍②。酒熟，以头上葛巾漉之③。

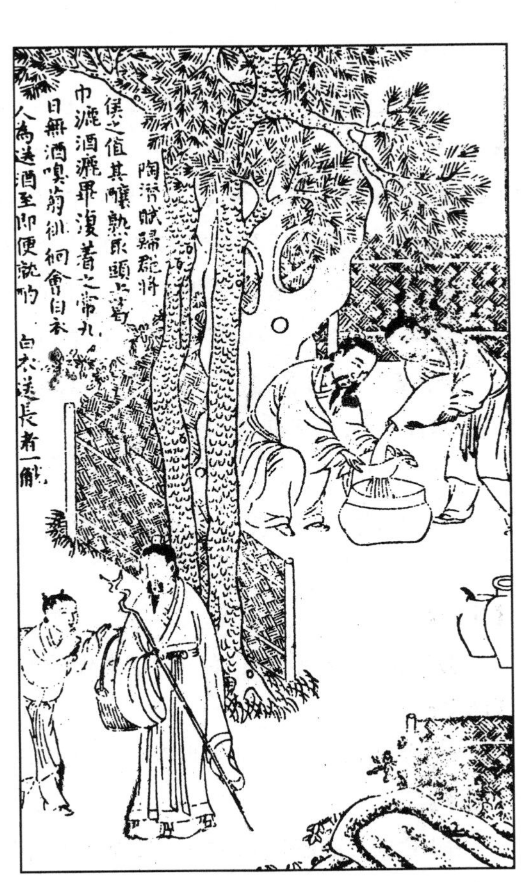

明刻本《酣酣斋酒牌》中“陶潜漉酒图”

【注释】

①彭泽令：彭泽县，汉代始设，在今江西九江以东。晋安帝义熙元年（405）八月，陶渊明出任彭泽县令，居官八十余天，便弃官回家。

②公田：收获用于供给官员生活的田地。

③葛巾：用葛布制成的头巾。

【译文】

陶渊明担任彭泽令时，命令公田全都种黍，用来酿酒。酒酿成后，陶渊明就用自己的葛布头巾来滤酒。

【点评】

这与“白衣送酒”同为陶渊明著名的酒故事之一，在《宋书·陶渊明传》有记载。后来“陶巾”成为诗人吟咏饮酒的常用典故，如李白《戏赠郑溧阳》："陶令日日醉，不知五柳春。素琴本无弦，漉酒用葛巾。"此外，"高歌犹爱思归引，醉语惟夸漉酒巾"（唐·卢纶），"闲来佐欢喜，漉酒用陶巾"（宋·晁补之），"虚亭未敢从君饮，犹欠陶公漉酒巾"（宋·强至）等句，也都使用了这一典故。

陶渊明是中国历史上第一位以隐逸著称的大诗人，不过他的可贵可爱并不在于隐居，而在于他的真诚。对此，苏轼有一段极好的总结："陶渊明欲仕则仕，不以求之为嫌；欲隐则隐，不以去之为高；饥则叩门而乞食，饱则鸡黍以延客。古今贤之，贵其真也。"陶渊明一生屡隐屡仕，彭泽令是他最后担任的官职。他坦承出仕初衷，是因为贫困无以养家，想托关系求官做却又没有门路，最后还是叔叔帮忙，才得到了这一官职（见《归去来兮辞序》）。可是得到官职后，陶渊明却不考虑改善生活，而是将饮酒的嗜好放在首位，命令三顷公田全部种可以酿酒的秫稻（糯米）；在妻子的一再抗议下，才分出五十亩种秔（jīng）稻（即普通的稻米）。这样为官治产，当然是无从发财致富的。

至于葛巾滤酒，更是将迫不及待的酒徒姿态描绘得淋漓尽致。《宋书》出于文学家沈约之手，只此一斑，就足见沈约的笔力了。

唐阳城为谏议[①]，每俸入，度其经用之余，尽送酒家。

【注释】

①谏议："谏议大夫"的简称，秦代始置，负责监察进谏。

【译文】

唐阳城当谏议大夫时，每收到俸禄，估算一下日用开销，将所余全部送到酒铺买酒。

【点评】

古人说起为喝酒而不考虑生计，常常说用裘皮大衣换酒喝。相比之下，唐阳城还是很有生活的经济头脑的。

刘宗古《瑶台步月图》

《水浒传》插图《菊花会》中饮菊花酒的场面

《西京杂记》：汉人采菊花并茎叶，酿之以黍米，至来年九月九日熟而就饮，谓之菊花酒。

【译文】

《西京杂记》称：汉代人采摘菊花及其茎叶，与黍、米放在一起酿制，到第二年九月九日酒熟后饮用，称之为“菊花酒”。

【点评】

按《西京杂记》的记载，九月九日除饮菊花酒之外，还要佩带茱萸，吃蓬蒿饼，以求辟邪长寿。这一记载出自汉高祖宠妃戚夫人的侍女贾佩兰，若此说法属实，则重阳节插茱萸、饮菊花酒等习俗早在西汉初年就已形成。

酒谱

内篇

酒之功

勾践思雪会稽之耻[1]，欲士之致死力，得酒而流之于江，与之同醉。

【注释】

①勾践思雪会稽（kuài jī）之耻：勾践，春秋时代越国国君，与吴王夫差争霸，战败，被围于会稽山（在今浙江绍兴东南）。卑辞厚币求和，自己为奴，妻子为婢。后卧薪尝胆，终于击败吴国，逼迫夫差自杀。

【译文】

勾践要报会稽山兵败乞和的耻辱，想激励战士拼死作战，因此将酒倾倒在大江之中，大家同饮共醉。

【点评】

此事不见于《左传》、《国语》等先秦史书，历史上未必真有其事。而勾践在会稽惨败于吴军后，整军经武，尤其重视获取人心，为这一传说的产生提供了土壤。

《浣纱记》中“勾践献金帛请降图”

马远《举杯玩月图》

秦穆公伐晋①，及河②，将劳师，而醪惟一钟③。蹇叔劝之曰④："虽一米，可投之于河而酿也。"乃投之于河，三军皆醉⑤。

【注释】

①秦穆公：亦作"秦缪公"。春秋时秦国国君，在位39年。任用蹇叔、百里奚等能臣，征伐西戎，辟地千里，为秦国的强大奠定了基础。

②河：黄河。

③钟：古代的容积单位。钟的大小前后不同，有合六斛四斗、八斛、十斛等几种说法。

④蹇（jiǎn）叔：秦国大臣，以贤能著称，受百里奚推荐而得到秦穆公的任用，拜为上大夫。

⑤三军：古代的军队编制，五师为一军，一万二千五百人。按周代制度，周天子有六军，诸侯有三军。后逐渐成为军队的泛称。

【译文】

秦穆公率军讨伐晋国，行至黄河岸边，将要犒劳部队，却只有一钟酒。蹇叔劝谏说："即便是一粒米，也可以投入河中来酿酒。"于是将酒倒入河中，全军饮河水而醉。

【点评】

在古今中外的军事行动中，酒都具有特殊的作用。酒能激发勇气，使用得好，能克敌致胜；酒会误事，使用得不好，则陨身丧师。出师前，饮酒激励士气，在我国已有数千年的历史，有很多令人耳熟能详的故事。比如《三国志》记载，曹操与孙权在合肥大战，吴国大将甘宁与手下猛士饮酒，然后夜袭曹营，获得大胜。这个故事后来进而演化为《三国演义》中的名段——"甘宁百骑劫曹营"。在后来的战争中，在发动决定性的作战前，饮酒以壮行色，激胆气，成为将领们经常使用的手段。

本条与上条的高明之处在于，将酒投入江中，江水当然不可能变成能醉人的美酒，但将士们却能在精神上享受到与君王同醉的喜悦，勾践与秦穆公巧妙地把握了这一点，真可以说是心理战的高手。勾践一事，最早见《吕氏春秋·顺民篇》；秦穆公一事，则见《左传》。晋人张协《七命》也提及此事，称"单醪投川，可使三军告捷"，则不知用的是勾践还是秦穆公的典故。

孔文举云："赵之走卒，东迎其主，非卮酒无以辨[①]。"卮之事，《史记》及《汉书》皆不载[②]，惟见于《楚汉春秋》[③]。

【注释】

①卮（zhī）：古代酒器。

②《汉书》：原文误作"后汉书"。《汉书》，东汉班固撰。全书一百卷，记载了西汉及王莽新朝的历史，是我国第一部纪传体断代史。

③《楚汉春秋》：西汉陆贾撰。原书九篇，主要记载刘邦、项羽争霸的史事，现已亡佚。

【译文】

孔融说："赵国的奴仆差役，到东面去迎接他的主人，要不喝一卮酒就辨认不出来了。"此事《史记》、《汉书》中都没有记载，只见于《楚汉春秋》。

【点评】

孔融的这番言论，出自他的《与曹操论酒禁书》。汉末的战乱极大破坏了农业生产，曹操为了克服粮食不足的局面而下令禁酒，孔融就写作了这篇皮里阳秋、行文中充满调侃和轻慢之辞的《与曹操论酒禁书》，嘲讽禁酒法令。按照《三国志》的说法，曹操表面上宽宏大量，实则非常恼怒，这也是后来孔融被杀的背景之一。

王莽时，琅琊海曲有吕母者①，子为小吏，犯微法，令枉杀之。母家素丰财，乃多酿酒，少年来沽，必倍售之。终岁，多不取其直。久之，家稍乏。诸少年议偿之，母泣曰："所以辱诸君者，以令不道，枉杀吾子，托君复仇耳，岂望报乎？"少年义之，相与聚诛令，后其众入赤眉②。

【注释】

①琅琊（láng yé）：指秦汉时代的琅琊郡，属徐州，辖境在今山东一带。海曲：海边。

②赤眉：即"赤眉军"，王莽时代的起义军。

【译文】

王莽做皇帝时，琅琊郡海滨有一位吕老太太，她的儿子是名小吏，犯法不重，却被县令胡乱处死。老太太家向来很富有，于是就大量酿酒，年轻人来买酒，必定多给一倍。一年到头，经常不收酒钱。时间长了，家里逐渐贫困起来。那些年轻人商量如何补偿她，老太太哭着说："我所要恳请诸位的是，县令胡作非为，冤杀我的儿子，希望拜托诸位为我报仇，并不是期望得到报答。"年轻人们被她的义举所感动，一起将县令杀死，后来这些人加入了赤眉军。

【点评】

这与前面勾践、秦穆公的故事相同，都是用酒赢得人心。古代有很多这类故事，下面再举秦穆公的一例。说是秦穆公走失了一匹良马，结果被岐下野人捕获，杀了吃肉。秦国的官吏将这些野人逮捕，准备治罪。穆公却说，君子不能因为牲畜的缘故害人，听说吃马肉而不喝酒对身体不好，下令赐给这些野人酒喝。后来秦晋交战，战局对穆公不利，正在危急关头，岐下野人三百名为报穆公赐酒不罪的恩德，向晋军发动决死冲锋，奋勇血战，结果秦军反败为胜。——可见，酒是很好的感情投资工具，关键在于如何使用它。

《簪花图》

晋时，荆州公厨有斋中酒、厅事酒、猥酒优劣三品。刘弘作牧①，始命合为一，不必分别。人伏其平。

【注释】

①刘弘：字和季，沛国相（在今安

唐代壁画《宴饮图》

徽淮北西）人。年少时曾与晋武帝同学，后为晋朝大臣。在西晋末年的动乱中，平定荆襄一带。牧：汉晋时的州郡长官。

【译文】

晋代的时候，荆州官署的伙房有斋中酒、厅事酒、猥酒三种等级的酒。刘弘担任荆州牧时，命令将三种酒混和在一起，不要有所区分。人们都心服他的公平。

【点评】

古代的官署既是办理政务的场所，同时也是长官生活起居的地方。所谓斋中酒是供长官私饮的（用今天的话来说，就是“特供”），厅事酒是公务宴请时使用的，猥酒就等而下之了。刘弘能在细节上注意公平，不搞特权，是很了不起的，无怪乎能在西晋末年大乱的局面中保持荆襄一带相对安定。

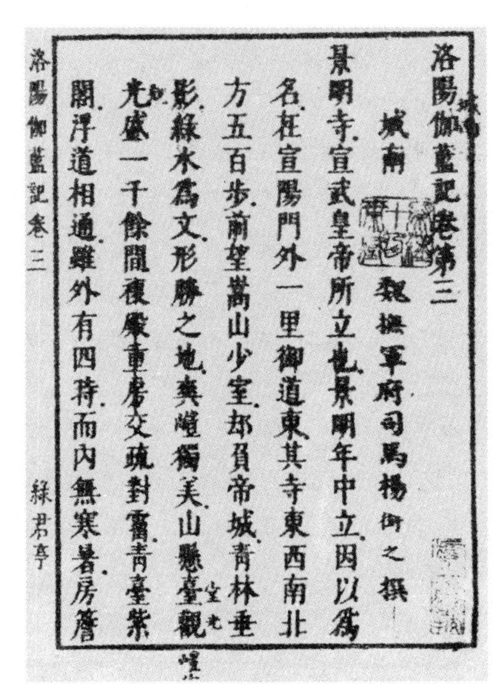

洛陽伽藍記卷第三
城南　魏撫軍府司馬楊衒之撰
景明寺宣武皇帝所立也景明年中立因以爲
名在宣陽門外一里御道東其寺東西南北
方五百步前望嵩山少室却負帝城青林垂
影綠水爲文形勝之地爽塏獨美山懸臺觀
光盛一千餘間複殿重房交疏對霤青臺紫
閣浮道相通雖外有四時而內無寒暑房簷
洛陽伽藍記卷三　綠君亭

明毛氏绿君亭刻本《洛阳伽蓝记》书影

河东人刘白堕善酿，六月以瓮盛酒①，曝于日中，经旬味不动而愈香美，使人久醉。朝士千里相馈，号曰鹤觞②，亦名骑驴酒。永熙中③，南青州刺史毛鸿宾赍酒之藩④，路逢盗，劫之，皆醉，因执之，乃名擒奸酒。时人语曰：“不畏张弓拔刀，惟思白堕春醪。”见《洛阳伽蓝记》⑤。

【注释】

①瓮（wèng）：口小而腹大的陶罐。

②觞（shāng）：饮酒器。

③永熙：我国历史上有两个“永熙”，一为西晋惠帝年号，仅用一年，即290年；一为北魏孝武帝年号，也仅用一年，即532年。此处指后者。

④南青州：青州原为汉代设立的十三州部之一。魏晋南北朝时期屡经分合迁徙，北魏孝文帝太和二十三年（499），改东徐州为南青州，辖境在今山东沂水一带。刺史：始设于汉代，最早是监察官职，后权柄渐重，成为地方行政长官。毛鸿宾：北魏末年武将，勇悍有力。赍（jī）：携带。之：去，前往。藩：指所就任的州郡。

⑤《洛阳伽蓝记》：北魏杨衒（xuàn）之撰。杨衒之写作此书时，北魏已经灭亡，分裂为东魏与西魏。该书以描述北魏首都洛阳各寺院（伽蓝即寺院之意）的沿革、建筑为线索，追忆洛阳在未经战乱前繁华壮丽的景象，寄托古今兴废之思。此书文词秀丽，情思悠远，被认为是北朝文学的杰作之一。

【译文】

河东人刘白堕擅长酿酒，六月的时候用瓮盛酒，放在太阳下暴晒几十天也不会变质，而且味道更加香醇，喝了能让人醉很久。官员们不远千里也要互相馈赠这种酒，称之为“鹤觞”，又叫做“骑驴酒”。永熙年间，南青州刺史毛鸿宾带着这种酒去南青州上任，路上遭遇强盗，强盗将酒抢去，喝了后全部醉倒，毛鸿宾趁机将这些盗匪逮捕，于是又将这种酒称为“擒奸酒”。当时人说：“不怕强盗们张弓拔刀，只想着刘白堕的春醪酒。”这个故事见《洛阳伽蓝记》。

【点评】

这故事很有戏剧性，不免让人想起了《水浒》中“吴用智取生辰纲”一节，所不同的是《水浒》中是官着了道，这里是贼翻了船。可惜不能起古人于地下，问问施耐庵是否受了这一故事的启发。

酒谱

内篇

温克

《礼》云[①]："君子之饮酒也[②]，一爵而色温如也[③]，二爵而言言斯，三爵而油油以退。"

【注释】

①《礼》：指《礼记》，即《小戴礼记》，相传为汉代经学家戴圣所传，共四十九篇。《礼记》原本是若干篇解说"礼"的文章的集合，并非经书，但后来地位逐渐上升，与《仪礼》、《周礼》并称"三礼"，成为儒家经典。此条出自《礼记·玉藻》。

②君子：上古称君子，可指有身份地位的贵族，也可指品德优良之人。

③爵：古代的盛酒礼器，可盛一升酒，也可用作饮酒器。

鸟形爵

【译文】

《礼记》说："君子饮酒，饮一爵就脸色温和；饮二爵就开怀畅言；饮到第三爵，就姿态翩翩地退席。"

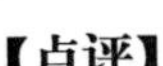

【点评】

《礼记·玉藻》对于宴飨之礼有明确的描述，"三爵而退"只是其中之一。按照周代礼制，君臣间的小宴会，饮酒以三杯为限；若是超过，就属违礼，所谓"臣侍君燕，过三爵，非礼也"。

扬子云曰[①]："侍坐于君子，有酒则观礼。"

【注释】

①扬子云：即扬雄。

【译文】

扬雄说："陪坐在君子身边，有了酒，就能看到礼仪是怎么样的了。"

【点评】

古人喝酒讲求礼仪，其实是将这一生活内容加以典礼化和艺术化，如同日本的茶道，其艺术性恰恰蕴涵于细致精密的规则与礼仪要求中。

于定国饮酒一石①，治狱益精明。历代有萧宠、卢植、马融、傅玄、冯政、刘京、魏舒、刘藻②，皆饮酒一石而不乱。

【注释】

①于定国：字曼倩，东海郯（今山东郯城）人。西汉名臣，以断案清明而著称，宣帝时任廷尉，后升任丞相。

②卢植：字子幹，涿郡涿县（今河北涿州）人。东汉学者，曾师从马融。马融：字季长，扶风茂陵（在今陕西咸阳西）人。东汉著名经学家，是汉古文经学的代表人物，为《孝经》、《论语》、《诗》、《易》、《三礼》、《尚书》、《老子》、《淮南子》等诸多典籍作注。他还收徒讲学，门人众多，著名学者卢植、郑玄都出自他的门下。傅玄：字休奕，北地泥阳（在今甘肃宁县西）人。魏晋间文学家、学者，为人刚直，官至司隶校尉。魏舒：字阳元，任城樊（在今山东济宁东）人，魏晋间大臣。

【译文】

于定国喝了一石酒之后，断案就更加精明。历代以来，萧宠、卢植、马融、傅玄、冯政、刘京、魏舒、刘藻等人，都能喝一石酒而不乱性。

【点评】

于定国是历史上有名的能饮之士，《汉书》上说他"食酒至数石不乱，冬月请治，饮酒益精明"，简直不可思议。古人常说"酒有别肠"，意思是人的酒量不能以常理揣度，于定国就是这样的例子。

晋何充善饮而温克[①]。

【注释】

①何充：字次道，庐江（今安徽舒城）人，东晋大臣，官至扬州刺史。

【译文】

晋代的何充能喝酒，而且酒醉后仍克制有礼。

【点评】

刘惔曾这样评价何充喝酒："见何次道饮酒，使人欲倾家酿。"足见其酒量之豪与仪态之优雅。

魏邴原《别传》曰[①]：原旧能饮酒，自行役八九年间，酒不向口。至陈留则师韩子助[②]，颍川则亲陈仲弓[③]，涿郡则亲卢子幹[④]。临归，友以原不饮酒，会米肉送原。原曰："早能饮酒，但以荒思废业，故断之耳。今当远别，因见贶饯[⑤]，可一饮乎？"于是饮酒终日不醉。

【注释】

①邴原：汉末人，字根矩，北海（今山东潍坊）人。年少丧父而好学，博学多闻，后聚众讲学，当时与大学者郑玄齐名，出仕曹操。《别传》：即《邴原别传》，现已不传，部分保留在《三国志》裴松之注中。

②陈留：汉郡名。辖境在今河南开封一带。韩子助：汉末名士。

③颍（yǐng）川：汉郡名。辖境在今河南许昌一带。陈仲弓：即汉末名士陈寔，仲弓为其字，颍川许昌（今河南许昌）人，为官仁厚清廉，当时有盛名。

《酌酒图》

④涿（zhuō）郡：汉郡名。辖境在今河北涿州一带。卢子幹：即卢植。

⑤贶（kuàng）饯：设酒送别。

【译文】

魏人邴原《别传》称：邴原本来是能喝酒的，自从出游以来的八九年间，滴酒不沾。在陈留拜韩子助为师；在颍川与陈仲弓关系密切；在涿郡与卢子幹交情深厚。他临返乡时，友人们认为他不喝酒，于是就凑集了一些米和肉为他送行。邴原说："我早先也能喝酒，但因为酒会使人神志不清，荒废正事，因此戒酒了。现在即将远别，又蒙各位为我饯行，应该可以喝一次了吧。"于是畅饮终日而不醉。

【点评】

邴原八九年滴酒不沾的毅力着实令人钦佩，如此坚强的毅力来源于他自小以来坚定不移的求学意志。《邴原别传》称，他幼年丧父，无钱上学，某次路过书舍门口，便忍不住哭泣起来。老师得知情况之后，深为感动，免费让邴原读书，最后终成大器。美酒虽美，但与人生相比，孰轻孰重呢？古人说"见贤思齐"，今日的贪杯君子当以邴原为榜样。

《郑玄别传》[①]：马季长以英儒著名[②]，玄往从参考异同，时与卢子幹相善。在门下七年，以母老归养。玄饯之，会三百余人皆离席奉觞。度玄所饮三百余杯，而温克之容，终日无怠。

【注释】

①《郑玄别传》：此书现在亡佚，仅有清人辑本。郑玄，字康成，北海高密（今山东高密）人。东汉著名经学家，曾师从马融。郑玄是集汉今文与古文学派之大成者，为多部儒家经典作注，极受后世推崇。

②马季长：即马融。

【译文】

《郑玄别传》记载：马融因学识渊博而著名，郑玄去他那里研习经书的异同，当时与卢子幹关系很好。郑玄在马融门下学习了七年，因为母亲年老而回家奉养。在为郑玄饯行的宴会上，有三百多人都起身离座，向郑玄举杯敬酒。计算下来，郑玄喝了三百多杯酒，但他尔雅有礼的样子，始终没有懈怠。

【点评】

郑玄是经学大师，深受后人尤其是清代学者的推崇，以至于有人将自己的书斋命名为“师郑堂”。从此条来看，郑玄不仅博于学，而且敏于行，可谓是身体力行的典范。何以这么说呢？因为《诗经》中要求“温克”，郑玄能饮三百杯而不失态，真可谓“豪饮不醉最为高”。

孔融好饮能文，尝云：“座上客常满，尊中酒不空，吾无患矣。”

【译文】

孔融喜欢喝酒又擅长文学，曾说：“只要家中一直高朋满座，不缺酒喝，我就没有什么可担心的了。”

【点评】

孔融好酒，而最后他的死也是因反对曹操的禁酒令写作《与曹操论酒禁书》而触怒了曹操。可以说，他以身殉酒，而酒是他一生最大的祸患。

裴均在襄阳会宴①，有裴弘泰后至。责之，谢曰："愿赦罪。"而取在席之器，满酌而纳其器。合座壮之。又有一银海②，受酒一斗余，亦釂而抱海去。均以为必腐胁而死，使觇之③，见纱帽箕踞④。秤银海，计重二百两。

【注释】

①裴均：字君齐，绛州闻喜（在今山西闻喜北）人，唐元和间任尚书右仆射，后拜同中书门下平章事、山南东道节度使。

②海：大容积的器具。

③觇（chān）：探视。

④箕踞（jī jù）：古人跪坐，随意张开两腿坐着为箕踞，是一种无礼放肆的坐姿。

【译文】

裴均在襄阳宴请宾客，裴弘泰迟到了。裴均责备他，他道歉说："请您恕罪。"于是取席上所有的酒器，一一斟满而饮尽，然后将酒器揣在怀里。在座众人都佩服他有豪气。席上还有一个银海，能盛一斗多酒，裴弘泰把酒喝干，抱着银海走了。裴均认为他必定会因酒腐蚀胸肋而死，于是派人去看，只见他戴着纱帽瘫坐在地上。秤了秤银海的重量，重达二百两。

【点评】

此故事保存在《太平广记》中，这里只是节引。按照《太平广记》，整个故事情节是：裴弘泰是裴均的族侄，时任郑滑馆驿的小吏，因为没有接到通知，而在宴会上迟到。裴均原本很生气，想要治罪，结果被裴弘泰的酒量所折服，最后离任时，还赐予裴弘泰很多物品。可见中国人是酒的民族，能饮之士通常都能获得他人的赞誉和欣赏，因此惊人的酒量往往是化解危机的利器。

李白每大醉为文，未尝差误。与醒者语，无不屈服。人目为醉圣。乐天在河南[①]，自称醉尹[②]。皮日休自称醉士。

【注释】

①乐天：唐代文学家白居易的字。

②尹（yǐn）：古代官名。多为某一州郡或部门的主官。

【译文】

李白每次大醉后写文章，没有一点错误。和清醒的人交谈，大家都被他折服。人们视他为“醉圣”。白居易在洛阳做官，自称“醉尹”。皮日休自称“醉士”。

【点评】

文学与酒就如同一对孪生兄弟，相伴相随。中国有极为发达的诗歌传统，也有极为发达的饮酒传统，所以中国的诗人与酒似乎天生就有不解之缘。自建安时代文人诗真正占据文坛中心以来，曹植、阮籍、嵇康、陶渊明

《李白醉酒图》

等等，历代的顶尖诗人基本都有一个共同点——好饮酒。唐代是中国诗歌的极盛时期，嗜酒的唐代诗人简直不可胜数。这里提出的三位都是那个时代诗酒双能的杰出代表。皮日休之好酒，在本书中多次可见，无需赘述。李白好酒，更是古今闻名，杜甫作《饮中八仙歌》，赞叹“李白斗酒诗百篇，长安市上酒家眠”。

白居易任江州司马时，自称“醉司马”，后来做了河南尹，便改称“醉尹”。他曾作《府酒五绝》，专门写做地方官时喝公家供应的酒的各种小事，其中《自劝》回忆说自己年轻时穷困潦倒，为了喝酒不惜典当衣服，现在当了官，可以喝不花钱的酒，真是无比愉快。（忆昔羁贫应举年，脱衣典酒曲江边。十千一斗犹赊饮，何况官供不著钱。）《变法》一首更绝妙，说自己到任一年了，政务上毫无建树，只是改革了官府的酿酒方法。（自惭到府来周岁，惠爱威棱一事无。唯是改张官酒法，渐从浊水变醍醐。）白居易一生写作了很多与酒相关的诗歌，明代人周履靖特意将这些酒诗搜集起来，并一一和作，编成了一本《香山酒颂》。

开元中①，天下康乐。自昭应县至都门②，官道之左右，当路市酒，钱量数饮之。亦有施者，为行人解乏，故路人号为歇马杯，亦古人衢尊之义也③。

【注释】

①开元：唐玄宗李隆基使用的第二个年号，共29年（713—741）。其间政治清明，国势强盛，是唐代的鼎盛时期，史称“开元盛世”。

②昭应县：即今陕西临潼。都门：指都城的城门，也可代指都城。

③衢（qú）尊：指沿路置酒，任行人自行饮用。衢，大路。尊，即“樽”，酒器。

【译文】

开元年间，天下安居乐业。从昭应县到都城长安，官府修筑的大路边上就有卖酒的，论钱贩卖。也有免费供酒，为行人解除疲劳的，因此路人们称之为“歇马杯”，这便是古人所谓的“衢尊”。

【点评】

“衢尊”出自《淮南子·缪称训》：“圣人之道，犹中衢而致尊邪？过者斟酌，多少不同，各得其所宜；是故得一人，所以得百人也。”意思是说，圣人治理天下，就好比在路边施舍酒水一样，能让百姓各得其所，其乐融融，由此得到天下人的拥戴。所以，后来“衢尊”就成为圣人施仁政、实现太平盛世的象征。杜甫《千秋节有感二首》有“衢尊不重饮，白首独余哀”之句，就是在“安史之乱”后回想开元盛世有感而发的。

高适、李白、杜甫汴州会

唐王元宝富而好施，每大雪，自坊口扫雪①，立于坊前，迎宾就家，具酒暖寒。

【注释】

①坊（fāng）：唐代城市居住区与商业区分离，居住区称“坊”，坊有围墙，设大门。

【译文】

唐代的王元宝富有而又乐善好施，每当下大雪，他就在坊门口扫雪，站在门口，招呼客人到自己家来，准备好酒为客人驱寒。

【点评】

与上条的“衢尊”类似，在严寒中免费提供酒水为路人驱寒，温暖人的不仅是酒精，更是心灵。

旗亭宴

陈洪绶《饮酒读骚图》

梁谢譓不妄交[1]，有时独醉，曰："入吾室者，但有清风，对吾饮者，惟当明月。"

【注释】

①谢譓（huì）：南朝名士，出身于士族名门陈郡谢氏，仕梁，官至右光禄大夫。

【译文】

梁代的谢譓不随便结交朋友，有时一个人喝醉了，就说："进我房子的，只有清风，陪我饮酒的，只有明月。"

【点评】

清风明月，是古代士人表现孤傲清高的常用意象。漫漫长夜，耿耿明月，挥杯独酌，是何等的清冷孤高。历来写这种场面最佳的，当推李白《月下独酌·其一》："花间一壶酒，独酌无相亲。举杯邀明月，对影成三人。"

宋沈文季为吴兴太守[1]，饮酒五斗，妻王亦饮酒一斗，竟日对饮，视事不废[2]。

【注释】

①宋：指南朝的第一个王朝。420年

由刘裕建立，479年被南齐取代。为与赵匡胤建立的宋朝相区别，一般称为“南朝宋”或“刘宋”。沈文季：字仲达，吴兴武康（在今浙江德清西）人，历仕南朝宋齐两代。吴兴：古郡名。在今浙江湖州。

②视事：官员处理政务。

【译文】

刘宋的沈文季出任吴兴太守，能喝五斗酒，他的妻子王氏也能喝一斗，夫妻俩整日对饮，同时还不荒废政务。

【点评】

此事见于《南史》。论酒量，在魏晋南北朝时能饮五斗以上的比比皆是，沈文季不算是第一流人物。但是魏晋名士大多以酒废事，像沈文季这样能饮酒政事两不误的，的确相当罕见。至于他的妻子王氏巾帼不让须眉，夫妻对饮，琴瑟合鸣，闺房之乐，无逾于此，相信肯定令古往今来的酒徒“心向往之”。

五代之乱，干戈日寻。而郑云叟隐于华山①，与罗隐终日怡然对饮②，

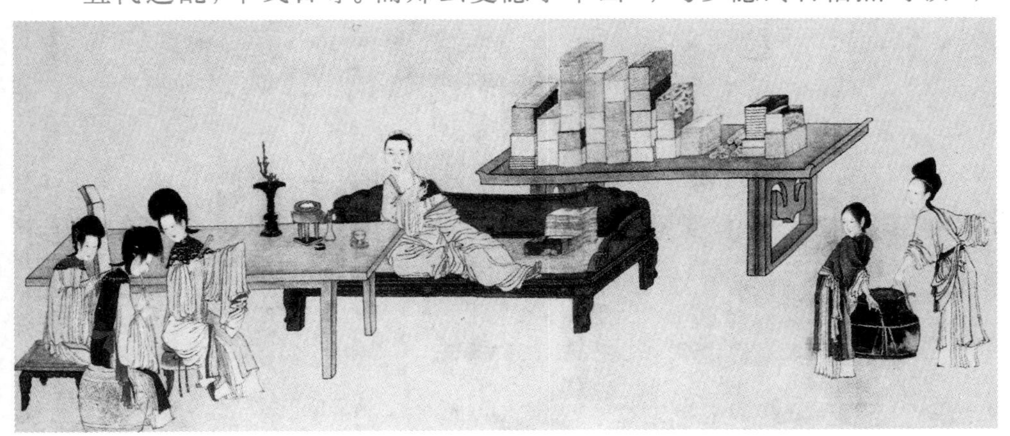

《乔元之三好图》

有《酒诗》二十章。好事者绘为图，以相贶遗。

【注释】

①郑云叟：名遨，云叟为其字，唐末五代隐士。

②罗隐：字昭谏，余杭（今浙江杭州）人，晚唐诗人，晚年出仕吴越王钱镠。

【译文】

五代乱世，战争不断。郑云叟在华山隐居，每天与罗隐怡然自得地喝酒，写作了《酒诗》二十首。爱好者将诗画成图，互相馈赠。

【点评】

五代是魏晋南北朝之后中国历史上又一个大动荡时代，其间充满了杀戮、背叛、投降和暗算；因此，很多名士选择了逃避。郑云叟与罗隐就是其中的代表。

郑云叟是当时有名的隐士，科举考试失败后，便抛妻离子，带着一琴一鹤，在华山等名山大川中隐居，屡次拒绝各政权的征辟。而罗隐是唐末著名的才子，恃才傲物，因此科举考试“十上不第”。他对于当时的政治很是不满，经常写诗文讽刺，结果更遭权贵的敌视。唐末大乱，这两位一肚子不合时宜的名士隐居山中，终日酌酒吟诗，留下了不少有名的诗句。某次饮到酣处，两人联句，郑说头两句：“一壶天上有名物，两个世间无事人。”罗接下两句：“醉却隐之云叟外，不知何处是天真。”看似不问世事，实则暗藏无限心曲。罗隐《自遣》诗更为有名：“得即高歌失即休，多愁多恨亦悠悠。今朝有酒今朝醉，明日愁来明日愁。”更明确表露了面对昏乱世事、只能借酒浇愁的痛苦和无奈。

内篇

乱德

小说云①：纣为糟丘酒池，一鼓而牛饮者三千人，池可运船。

【注释】

①小说：在古代原指细琐、无关宏旨的言论，后演化为记载逸闻的丛杂著作，再逐渐演变为今天意义上的虚构性叙事作品。这里使用的是第二个含义。

【译文】

小说上说：纣建造了糟丘酒池，击一次鼓在那像牛饮水一般猛劲喝酒的有三千人，酒池大得可以在里面行船。

【点评】

在后来的中国政治文化中，酒池已经不仅仅是纣王暴虐无道的罪状之一，更成为滥耗民力、奢靡无度的象征，在臣子劝谏君主的奏章中屡屡可见，不胜枚举。

《冲虚经》云①：“子产之兄曰穆②，其室聚酒千钟，积曲成封，糟浆之气，逆于人鼻。方荒于酒，不知世道之安危也。”

《妲己害政图》

【注释】

①《冲虚经》:《列子》一书的别称。该书由东晋张湛伪造,托名于战国时代道家人物列御寇,共八篇。天宝元年,唐玄宗下诏令命名《列子》为《冲虚真经》,宋真宗景德年间又加"至德"两字,称"冲虚至德经"。

②子产:郑穆公之孙,名侨,故而又称"公孙侨",子产为其字。春秋时郑国著名的政治家,以贤能著称。

【译文】

《冲虚经》称:子产的兄长名叫穆,他的宅子里摆放着千钟酒,积聚的酒曲像小土堆一样,酒糟和酒水的味道十分刺鼻。公孙穆饮酒而荒怠,一点也不知道世道的安危。

【点评】

《列子》中的故事多是寓言,并不足以凭信。不过本书的引用略有脱误,按照《列子》原书应是:子产有兄长名公孙朝,嗜酒无度,有弟弟名公孙穆,好色荒淫。子产想了一番大道理,去劝说这两兄弟。两人听完,却说人生只有一次,若不尽情欢乐,而是被世间的名声束缚,克制自己的欲望,那么真是生不如死。你子产善于治国,乃是治外,而且外未必会因你而治。我们哥俩喜欢酒色,这是治内,治内是不会扰乱世间的。善于治外,最多不过让一国获得大治;善于治内,则可以推行到天下云云。子产听了,茫然无可应对。由此可以知道,《列子》的原意并非谴责贪杯纵欲,反而是以很激进的态度通过肯定人的欲求来嘲讽世间的道德标准,《酒谱》不免有些断章取义了。

《史记》纣及齐威王①,《晋书》司马道子、秦苻坚、王悦②,皆为长夜饮。

【注释】

①齐威王:名田因齐,战国时齐国君主,在位37年(前356—前320)。

②《晋书》：唐太宗时期的官修史书，由房玄龄领衔修撰。全书一百三十卷，记载东西两晋的史事。司马道子：原文误作“王道子”。司马道子，东晋简文帝之子，孝武帝同母弟，受封琅玡王，后改封会稽王。苻坚：十六国时期前秦政权的君主，在位28年（357—384）。曾一度基本统一北方，但在进攻东晋的淝水之战中遭大败。王悦：字长豫，东晋丞相王导的长子。

【译文】

《史记》中的纣和齐威王，《晋书》中的司马道子、前秦苻坚、王悦，都曾经通宵达旦地饮酒。

【点评】

自从纣王以后，长夜之饮就成为逸豫亡身的代名词。不过以上窦苹所举出的历史人物却是各有各的结局。齐威王继位之初，不理国政，导致各国入侵，后来奋发图强，励精图治，使各国二十多年不敢对齐用兵。王悦是王导长子，很得父亲宠爱，但早于王导去世。司马道子则是东晋历史上的一大闹剧，在孝武帝、安帝两朝，他以亲王的身份专权多年，毫无政治上的建树，反而夜夜笙歌，骄奢淫逸，将东晋推向了灭亡的边缘，真可以说是纣王的“衣钵传人”。

楚恭王与晋师战于鄢陵而败[1]，方将复战，召大司马子反谋之[2]。子反饮酒醉，不能见。王叹曰：“天败我也。”乃班师而戮子反。

【注释】

①楚恭王：又作“楚共王”，为楚庄王之子，在位31年（前590—前560）。鄢陵：在今河南鄢陵北。楚共王十六年（前575），晋国攻打郑国，楚国出兵援救，双方在鄢陵发生激战。楚军失利，共王的眼睛也被射伤。

②大司马：古代负责军务的最高长官。子反：春秋时楚国贵族，出身于楚国王室，芈

姓，熊氏，名侧，子反为其字。

【译文】

楚恭王在鄢陵与晋国军队交战而失利，正准备再战，召见大司马子反商量谋划。子反喝醉了，无法见面议事。共王慨叹说："这是上天让我失败啊。"于是撤兵，并处死了子反。

【点评】

这个故事在《左传》、《国语》、《韩非子》、《吕氏春秋》、《淮南子》、《史记》等诸多典籍中均有记载，但细节略有不同。前文提及的勾践、秦穆公巧妙地让酒在军事行动中发挥了正面作用，而子反则是典型的反面教材，证明了贪杯不仅误事，而且足以亡身。

郑良霄为窟室而昼夜饮①，郑人杀之。

【注释】

①良霄：字伯有，春秋时郑国大夫。

【译文】

郑国的良霄挖了地下室，在里面昼夜不停地喝酒，郑国人将他杀了。

【点评】

此事见《左传·襄公三十年》。当时良霄掌握了郑国的大权，大臣朝见国君前，要先朝见良霄。未想到良霄在窟室中做长夜之饮，不辨晨昏。到早晨大臣来朝见的时候，他仍在饮酒作乐，引发了郑国众贵族的不满，导致子皙兴兵讨伐良霄。良霄这时又喝得大醉，被家臣救出，一直逃到距郑国国都四十多里的雍梁，他才醒来。良霄流亡到许国后，发动战争，企图夺回大权，兵败被杀。

《三辅决录》①：汉武帝自以为功大，更广秦之酒池、肉林，以赐羌胡②，而酒可浮舟。

【注释】

①《三辅决录》：东汉赵岐撰，又名《三辅录》，原书七卷，现已亡佚。三辅原为西汉时统辖首都长安及附近地区的左内史、右内史与主爵中尉这三个官职的合称，后来也代指这一地区。

②羌胡：生活于西北地区的少数民族。

【译文】

《三辅决录》称：汉武帝自认为功业巨大，扩建了秦代的酒池、肉林，用来赏赐羌胡，而池中的酒多得足以行船。

【点评】

汉武帝是中国历史上著名的有雄才大略的君主，同时他好大喜功、喜欢排场也是人尽皆知的。武帝修造酒池、肉林一事，并非向壁虚造，在《史记》、《汉书》中均有记载，地点在长乐宫中，用途则是向外国使节显示"天汉威仪"和泱泱大国的华丽盛世。

汉武帝像

《魏志》①：徐邈字景山②，为尚书郎③。时禁酒，邈私饮沉醉。赵达问以曹事④，邈曰："中圣人⑤。"达白太祖⑥，太祖怒。渡辽将军鲜于辅进曰⑦："醉客谓酒清者为圣人，浊者为贤人，此醉言尔。"

【注释】

①《魏志》：《三国志》中记述魏国历史的部分，又称《魏书》。

②徐邈（miǎo）：三国时魏人，官至司空，有志行高洁之名。

③尚书郎：官名。尚书台属员，在皇帝左右处理政务，东汉时设置。

④曹事：指政务公事。曹，指负责某事的职官。

⑤中（zhòng）：被某物侵害，如中箭、中计。此处意为喝醉了。

⑥太祖：魏武帝曹操，太祖是其庙号。

⑦鲜于辅：汉末三国人物，幽州渔阳（今北京密云）人，初为刘虞部将，后归附曹操。

【译文】

《魏志》称：徐邈字景山，任尚书郎。当时有禁酒的法令，徐邈偷着喝酒而酩酊大醉。赵达向他询问公事，他说："我中圣人了。"赵达向曹操汇报，曹操很生气。渡辽将军鲜于辅进言道："酒徒们将清酒称为'圣人'，将浊酒称为'贤人'，徐邈说的是醉话。"

【点评】

这个故事还有下文。曹丕称帝后，到许昌巡视，见到徐邈，故意拿他开心："爱卿是不是还经常'中圣人'啊？"徐邈回答得也很妙："时不时还要'中'一下。"曹丕哈哈大笑，对左右说："果然名不虚传。"

曹操下令禁酒，但对违反命令的官僚却不作处罚；曹丕甚至拿父亲和徐邈的陈年往事开玩笑；可见当时的禁酒令执行得并不严格。到了稍后的阮籍、嵇康的时代，纵酒放达，反而成了士大夫中普遍乃至可以博得声誉的行为了。

《三十国春秋》曰[①]：阮孚为散骑常侍[②]，终日酣纵。尝以金貂换酒[③]，为有司所弹。

【注释】

①《三十国春秋》：以此为名的书籍共有两种，一为武敏之所撰写，原书一百卷；另一为萧方等所撰，原书三十一卷；均是记载魏晋时期的历史的史书，现在都已失传。

②阮孚："竹林七贤"之一阮咸之子，字遥集。散骑常侍：三国魏时设置的官职，是皇帝身旁的近侍之臣，负责规谏过失、以备顾问。

③金貂：汉魏时期皇帝身旁的高级侍从官员的官帽，用貂尾和黄金配饰制成。

【译文】

《三十国春秋》记载：阮孚担任散骑常侍时，整天纵酒。曾经用自己的金貂官帽换酒喝，遭到了别人的弹劾。

【点评】

阮孚如其叔祖阮籍、其父阮咸一样，有好酒之名，更有名士的做派。史书上说他当官时不理政务，整日蓬头散发，纵饮无度（"蓬发饮酒，不以王务婴心"），屡次被人弹劾，幸好晋元帝优容待之，未加治罪。元帝所宠爱的小儿子琅玡王司马裒任车骑将军，出镇广陵（今江苏扬州），任命阮孚为长史，元帝告诫说："爱卿现在做了军府官，边境局势紧张，最好还是少喝酒。"阮孚却说："陛下不以臣不才，让我承担了军事方面的重任，我之所以只能勤勉从事不敢有任何话说，是因为琅玡王威风远扬，再加上陛下您的恩泽，贼寇早已遁迹无踪，四海太平。我又何必庸人自扰呢？现在正是及时行乐的好时候。"令晋元帝哭笑不得。

《裴楷别传》曰[①]：石崇与楷、孙季舒宴酣[②]，而季舒慢节过度。崇欲表之，楷曰："季舒酒狂，四海所知。足下饮人狂药而责人正礼乎？"

【注释】

①《裴楷别传》：今已失传。裴楷字叔则，河东闻喜（在今山西闻喜北）人，西晋名士。

②石崇：字季伦，渤海南皮（在今河北南皮北）人，西晋大臣，以奢豪著称。孙季舒：原文误作“孙绰”，孙绰字兴公，是东晋人，与石崇、裴楷年代不合，据《晋书》改。孙季舒曾任长水校尉。

【译文】

《裴楷别传》记载：石崇与裴楷、孙季舒在酒宴上酣饮，孙季舒过于简慢无礼。石崇想

《金谷园》

要上告皇帝，裴楷说："季舒是个酒狂，这事天下人都知道。您给人喝令人发狂的药，却还要按照寻常礼节的标准来求全责备么？"

【点评】

这一故事见于《晋书·裴楷传》。石崇是西晋首屈一指的富豪，生活极为奢靡，《世说新语》等书多有记载。他最著名的酒故事是在宴会上派美女给客人劝酒，若是客人不喝，就杀掉劝酒的美女，可见其凶暴残忍，为富不仁。后来因坚决不肯将美姬绿珠送给孙秀，而导致灭门之祸，先杀美女，后因美女而死，可以说是冥冥间报应不爽。

后来"狂药"也成为了酒的代名词之一。唐人李群玉的《索曲送酒》即有"帘外春风正落梅，须求狂药解愁回"之句。

宋孔觊使酒仗气[①]，弥日不醒，僚类之间，多为凌忽。

【注释】

①孔觊（yǐ）：字思远，会稽山阴（今浙江绍兴）人，南朝宋大臣。

【译文】

刘宋时的孔觊纵酒发狂，连日醉而不醒，同僚和属下常被他轻慢凌辱。

【点评】

孔觊是孔子第三十二世孙，为官清廉，唯一的嗜好就是饮酒，一月之中醉日多，醒日少。但不醉时，处理政务公平明智，为人称道。当时人都说"孔思远醉二十九天，要胜过别人醒着二十九天"。后来他站在晋安王刘子勋一侧，参加了对宋明帝的内战，兵败被捕，被处决前，他还要求给酒喝，说"此是平生所好"。

汉末，政在奄宦。有献西凉州葡萄酒十斛于张让者[①]，立拜凉州刺史[②]。

【注释】

①张让：东汉末年擅权的大宦官，“十常侍”之首，后死于袁绍诛灭宦官的行动中。

②凉州：汉代设置的十三刺史部之一，辖境为今甘肃、宁夏和青海的一部分。

【译文】

东汉末年，宦官擅权。有人献给张让十斛西凉州的葡萄酒，立刻被任命为凉州刺史。

【点评】

据《北堂书钞》引《敦煌张氏传》，行贿者是扶风人孟佗，他是三国时叛蜀降魏的孟达的父亲。历来人们斥责封建王朝滥发官职时，常用的词是卖官鬻爵。至于用葡萄酒来行贿，真算得上别出心裁，孟佗有这么聪明的头脑，也足以匹配刺史的职位了。

元魏时，汝南王悦兄怿为元叉所枉杀[①]，悦略无复仇之意，反以桑落酒遗之，遂拜侍中[②]。

【注释】

①汝南王悦兄怿为元叉所枉杀：汝南王元悦与清河王元怿都是北魏孝文帝之子，两人是同母兄弟。元叉为灵太后胡氏的妹夫，恃宠擅权，元怿辅政时，曾多次处罚他。孝明帝正光元年（520）七月，元叉发动政变，囚禁灵太后，杀死元怿。

②侍中：官名。秦代始设，原为丞相下属官，后逐渐成为天子身旁的侍从，地位尊崇。

【译文】

北魏时，汝南王元悦的哥哥元怿被元叉害死，元悦毫无复仇的想法，反而赠送给元叉桑落酒，由此得到了侍中的官职。

【点评】

这个故事当然是在谴责元悦腆颜事仇。不过，桑落酒的确是古代为人称道的美酒，唐人郎士元曾作《寄李袁州桑落酒》，称“色比琼浆犹嫩，香同甘露仍春”。桑落酒之美，由此可大致想见。

《韩子》云[①]：齐桓公醉而遗其冠[②]，耻之，三日不朝。管仲因请发仓廪赈穷三日[③]。民歌曰：“公何不更遗冠乎？”

【注释】

①《韩子》：即《韩非子》。

②齐桓公：名小白，春秋时代齐国名君，在位43年（前697—前643）。以尊奉周天子、攘除夷狄为号召，成为“春秋五霸”之首。

③管仲：名夷吾，字仲。春秋时代齐国著名政治家，曾辅助齐桓公的哥哥公子纠与公子小白争位，公子小白即位后，不计前嫌，任命他辅政，最终建立霸业。廪

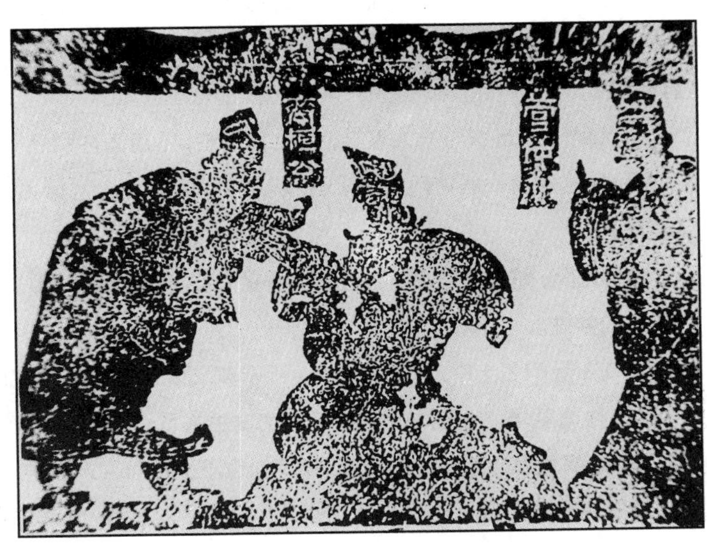

齐桓公、管仲画像砖

（lǐn）：粮仓。

【译文】

《韩非子》记载：齐桓公因为醉酒而遗失了帽子，对此感到羞耻，一连三天不上朝。管仲借机请求桓公打开粮仓，赈济穷人三天。老百姓歌唱道："国君为什么不再丢一次帽子呢？"

【点评】

此条出自《韩非子·难二》。管仲将坏事转化为行善政、得民心的契机，真是善于谋政者。

晋阮咸每与宗人共集①，以大盆盛酒，不用杯勺，围坐相向，大酌更饮。群豕来饮其酒，咸接去其上，便共饮之。

【注释】

①阮咸：字仲容，父阮熙曾任武都太守。与叔父阮籍同游竹林，为"竹林七贤"之一。

【译文】

晋代的阮咸每次与族人聚会，用大盆盛酒，不用酒杯和酒勺，大家围坐在盆周围，一起大口喝酒。这时有一群猪跑来喝了酒，阮咸将酒的最上一层撇去，就接着与族人共饮。

【点评】

魏晋之际，陈留阮氏名士辈出，以阮籍为首，行事放诞不羁，尤其喜欢狂饮，可以说是这一家族的共性。

阮咸在阮门名士中，论文采识见，不及叔父阮籍；论安贫乐道不如侄子阮修；但论放诞不羁，则独擅胜场。他与姑母的鲜卑侍女发生关系，姑母本来说好将这名侍女留下给他，后来又反悔，将侍女带走。阮咸闻知消息时，也不顾恰有客人来访，借了客人的马便去追赶。因为这事发生于他为母亲居丧期间，所以世论哗然，阮咸的仕途由此很受打击。他的次子阮孚即是鲜卑侍女所生，嗜酒放达，可以说是阮咸的精神继承人。

晋文王欲为武帝求婚于阮籍[①]，醉不得言者六十日，乃止。

【注释】

①晋文王：即司马昭，受封晋王，谥号“文”，故称“晋文王”。武帝：即西晋的开国皇帝晋武帝司马炎，为司马昭之子。

【译文】

司马昭想为司马炎向阮籍提亲，阮籍一连醉了六十天，无法商议，只好作罢。

画像砖《竹林七贤与荣启期》

【点评】

这是魏晋士人借酒避祸的典型案例。到了司马昭这一代，司马氏篡夺曹魏政权的意图已经十分明显，所谓“司马昭之心，路人皆知”。忠于曹魏与支持司马氏的两股政治势力正进行着尖锐的斗争。阮籍对司马氏肆无忌惮的篡夺行为，不像嵇康那样公开嘲讽叱责，而是采用远身避祸的态度。在旁人看来极为美妙的攀附未来皇室的机会，在阮籍看来，却很可能是自我陪葬的不智之举，所以借酒逃脱，既避祸又不致引发司马氏的杀意，可谓巧妙之极。

胡毋辅之等方散发裸袒①，闭室酣饮已累日。光逸将排户入②。守者不听，逸乃脱衣露顶，于狗窦中叫辅之。遽呼入③，与饮，不舍昼夜。

【注释】

①胡毋辅之：字彦国，泰山奉高（今山东泰安西）人。曾为东海王司马越幕僚，晋元帝时任扬武将军、湘州刺史。

②光逸：此处原误作“阮逸”，据《晋书》改。光逸，字孟祖，青州乐安（今山东博兴东北）人。生活于两晋之交，出身寒门，受知于胡毋辅之。

③遽（jù）：马上。

【译文】

胡毋辅之等人散发裸体，关起门来痛饮了好几天。光逸要推门进来。看门人不许，光逸就脱掉了衣服，光着头，钻到狗洞里叫胡毋辅之。胡毋辅之马上让他进房共饮，昼夜不停。

【点评】

魏晋之际，以阮籍、嵇康为代表，无视礼教、任性放达成为一时风气，像裸体饮酒这样的“行为艺术”，被视为是“通达”。如刘伶就曾醉后赤身裸体，坐于房中。胡毋辅之年辈晚于阮、嵇，年少时因为有“知人之鉴”而被誉为“后进领袖”，在行事上效法“竹林七贤”，并以此高自标榜。史书上称他“性嗜酒，任纵不拘小节”，“与谢鲲、王澄、阮修、王尼、毕卓俱为放达”。

上文所述故事则发生于辅之任乐安太守时，史书称辅之当时“昼夜酣饮，不视郡事”。故事的另一主角光逸出身寒门，早岁为小吏，因行事不拘小节，而被上司除名，后受知于辅之，遂成至交。听到光逸从狗洞中的叫喊声，辅之大惊失色：“这事别人绝对做不出来，肯定是我的光孟祖（他人决不能尔，必我孟祖也）。”荒唐作乐，竟到了这种地步。

无独有偶，胡毋辅之的儿子谦之也是这样的狂士，据说他才学不及父亲，但狂傲有过之而无不及。父子俩经常一起喝酒，酒酣后谦之经常直呼父亲的表字，辅之也不介意。魏晋时士人狂放大致如此。

唐进士郑愚、刘参、郭保衡、王冲、张道隐①，每春选妓三五人，乘犊小车，裸袒园中，叫笑自若，曰颠饮。

【注释】

①郑愚：原文误作“刘遇”，据《开元天宝遗事》改。郑愚，番禺（今广东香山）人，唐文宗开成二年（837）进士，官至尚书左仆射。王冲：原文误作“王仲”，据《开元天宝遗事》改。

【译文】

唐代进士郑遇、刘参、郭保衡、王冲和张道隐，每年春天挑选三五名妓女，坐着小牛拉的车，在园中赤身裸体，无拘无束地笑谑呼叫，称之为“颠饮”。

虎丘花宴

【点评】

唐代士人间盛行狎妓的风气，不仅不以为耻，反而自命为风流。到了晚唐，这种情况愈演愈烈，在唐诗、唐传奇中都有充分的体现。这已经不是简单的个人品行的问题，而是当时的社会整体风气所致。比如郑愚后来在政治上颇有建树，狎妓裸饮的历史并没有妨碍他成为出色的官僚，做出很多实绩。

元魏时，崔儦每一饮八日[①]。

【注释】

①崔儦（biāo）：字岐叔，清河武城（今河北武城）人，南北朝后期人，北齐灭亡后不再出仕，死于隋文帝仁寿年间。

【译文】

北魏的时候，崔儦每饮酒一次要持续八天。

【点评】

古人形容宴饮无度常说“长夜之饮”，也不过是通宵达旦而已。而一饮八日，倘若属实，恐怕称得上是旷古以来所未有。

三国时，郑泉愿得美酒满一百斛船[①]，甘脆置两头，反复没饮之，惫即往而啖肴膳[②]。酒有斗升减，即益之。将终，谓同志曰：“必葬我陶家之侧，庶百年之后化而为土，或见取为酒壶，实获我心。”

【注释】

①郑泉：字文渊，陈郡（今河南淮阳）人，出仕孙权。

②啖（dàn）：吃。

【译文】

三国的时候，郑泉想要将美酒装满一艘可容百斛的船，将美味佳肴放置在船两头，反复潜到船舱中喝酒，累了就去吃些饭菜。酒减少了一点，就马上加满。他临终前对志趣相投的朋友说："一定要把我葬在制陶人家的旁边，这样百年之后，我的尸骸化为泥土，或许有可能被挖去做酒壶，这便是我的心愿。"

【点评】

这真是最最可爱的爱酒誓言！竹林七贤、李白、白居易……中国历史上不乏嗜酒如命者，但只有郑泉达到了"生当为酒鬼，死亦为酒壶"的至高境界。如此的刻骨铭心、大彻大悟，无怪乎此言一出，什么刘伶的"死便埋我"，什么李白的"莫使金樽空对月"，无不黯然失色。唐人陆龟蒙还特意作诗，吟咏郑泉的酒船设想："昔人性何诞，欲载无穷酒。波上任浮身，风来即开口。荒唐意难遂，沉湎名不朽。千古如比肩，问君能继否。"（《添酒中六咏·酒船》）

晋人周颛过江①，积年恒日饮酒，惟三日醒。时人谓之"三日仆射"②。

【注释】

①周颛：字伯仁，汝南安成（今河南正阳东北）人。父周濬，任晋安东将军，曾参加灭吴之役。周颛生活于两晋之交，死于王敦之乱。过江：此处特指"永嘉南渡"，即西晋王朝灭亡后，晋朝皇室南迁至较为安定的南方长江流域，建立东晋这一历史事件。

②仆射（yè）：古代官名。为尚书省副长官。周颛曾任尚书左仆射。

【译文】

晋代的周颛在南渡之后，长年喝酒，一年中只有三天是清醒的。当时人称他为"三日仆射"。

【点评】

周颛早年颇有雅望，永嘉南渡后，沉湎于酒，屡犯过失，有一次甚至触怒了晋元帝，几乎丧命。话说元帝宴请朝廷重臣，酒酣之际，不禁飘飘然道："今天名臣会聚，真可以与尧舜之时相比啊！"周顗借着酒劲，厉声喝道："虽说都是天子，怎么能和尧舜圣世相比呢？"晋元帝当然不是什么可比尧舜的雄才大略之主，但是他能在西晋末年一片糜烂的局面下，成功地联合南北士族的力量，维持住南方半壁江山，相比南明小朝廷的弘光、隆武、永历诸帝，毕竟是强多了。周顗当面戳破皇帝吹的大气球，自然引发了晋元帝的暴怒。元帝当即命令廷尉将周顗抓起来，准备处以极刑，后来过了很多天，在王导等重臣的反复劝说下，才将其赦免。周顗出狱后，同僚们来看望他，他还说："我早就知道这次罪不至死。"

他的酒量很惊人，年轻时能饮一石。南渡之后，他每日必醉，老是抱怨没有合适的酒友。某次，有一位早年酒友从北方来，周顗非常高兴，准备了二石酒与那人共饮，结果双双醉倒。等到周顗醒来，探视友人，发现那人"已腐胁而死"。这恐怕是历史上最早的急性酒精中毒致人死亡的记载了。

毕卓为吏郎①，比舍郎酿酒熟，卓夜盗饮。

【注释】

①毕卓：字茂世，汝南鲖阳（今安徽临泉鲖城）人，生活于两晋之交。与胡毋辅之、谢鲲、阮放、毕卓、羊曼、桓彝、阮孚，并称"八达"。

【译文】

毕卓任吏部郎时，隔壁人家酿好了酒，毕卓夜里就去偷喝。

【点评】

这个故事的下文是：毕卓被主人逮个正着，主人黑夜之中也分辨不清，将毕卓绑了起来，后来发现是吏部的老爷，赶忙释放。毕卓也不以为意，反而拉上主人，同坐在酒瓮旁一饮而醉。"毕卓盗酒"的故事历来为人传颂，宋王禹偁有"行荷伯伦锸，高卧毕卓瓮"之句，国画宗师齐白石更是对毕卓情有独钟，认为他盗酒是因为清廉守法，所以无钱买酒；因此齐白石曾多次以此为题，作《盗瓮图》，并有题款云：“宰相归田，囊底无钱。宁可为盗，不肯伤廉。”

使毕卓更有名的是他的一句吃蟹名言：“右手持酒杯，左手持蟹螯，拍浮酒船中，便足了一生矣。”自古谈食蟹饮酒之乐的，当以毕卓为第一人。

刘伶尝乘鹿车[①]，携一壶酒，使人荷锸随之[②]，曰：“死便埋我。”

【注释】

①刘伶：字伯伦，沛国（今安徽淮北）人。“竹林七贤”之一，为人放达狂诞，尤其喜爱饮酒。

②锸（chā）：锹。

【译文】

刘伶曾经乘着鹿车，带着一壶酒出游，他让人扛锹随行，对那人说：“我要是死了，你便就地把我埋了。”

扇形图《刘伶醉酒》

【点评】

刘伶在魏晋间酒名最为响亮，但说到刘伶的酒事，可信的不过寥寥数则，再加上刘伶所作、不到二百字的《酒德赋》，便是刘伶与酒的全部了。但是历代文士题咏刘伶的诗文，却是汗牛充栋，蔚为大观。究其原因，并不在于刘伶的酒量有多么惊人（他自称能“一饮一斗，五斗解酲”），而在于他拼死喝酒的劲头。

《世说新语》中记载的另一则故事，更为有名。说是刘伶喝醉后，觉得口渴，让妻子拿酒来。妻子终于忍无可忍，将家里的酒具砸了个稀巴烂，哭着劝说：“你喝酒毫无节制，不合养生之道，一定要戒了才好！”刘伶说：“嗯，你说得很对。但是我自制力有限，要向鬼神祷告发誓，才能戒酒。你快去准备祭祀用的酒肉吧。”妻子很高兴，将酒肉备好，放在神像前，请刘伶发誓。只见刘伶跪在地上，念念有词道：“我刘伶天生有酒名，一口能喝一斛，喝到五斗反而能解酒不醉了。我老婆说什么让我戒酒，完全是妇道人家的胡说八道。神啊，你可千万不能听她的！”然后饮酒吃肉，颓然而醉。

刘伶连鬼神都不怕，更不用说死了，所以随时准备着酒精中毒而死。后世文人对于刘伶的放达大多钦慕无已，称他为“醉侯”。同样好酒的晚唐诗人皮日休曾有诗句，说“他年谒帝言何事，请赠刘伶作醉侯”。陆游则说，“天上但闻星主酒，人间宁有地埋忧。生希李广名飞将，死慕刘伶赠醉侯”。

不过也有人说刘伶随死随埋的说法，还称不上真放达。宋代徐钧写诗说，“至于身死便埋说，明犯庄书所戒言”。这里用了《庄子》中的典故，说是庄子年老将死，嘱咐弟子们无需安葬掩埋，将他的尸体扔到野外即可。弟子们认为不可：“就算是老师您的意思，但我们怎么忍心让您曝尸荒野，被野兽撕咬呢？”庄子则说，扔在野外是被鸟兽吃，埋在地下是被虫子腐蚀，那么为什么还要厚此薄彼，只给虫子吃，不让野兽吃呢？——以此说来，刘伶还真是不如庄子洞达超然。

酒谱

内篇

诫失

《周书·酒诰》曰①："文王诰教小子，有正有事，无彝酒。"

【注释】

①《周书·酒诰》：《周书》是《尚书》的一部分，《酒诰》是其中一篇，内容为周公告诫受封于卫的幼弟康叔切忌沉迷酒色。

【译文】

《周书·酒诰》说："文王告诫子弟，有大小官职的人，不要常喝酒。"

【点评】

《尚书》是我国最古老的书籍，其中部分内容成于商周时期。《酒诰》则是西周初年的文献，其中用纣王沉湎酒色而身死国灭的教训训诫新受封的年轻诸侯，是有特殊意义的。

周文王画像

商代灭亡后，周武王封纣王之子武庚为诸侯统领商的遗民，命自己的弟弟管叔、蔡叔、霍叔负责监视，号为"三监"。武王死后，成王年幼，由周公摄政。管叔、蔡叔等对周公不满，遂与武庚联合，发动武装叛乱。周公亲率大军征讨，用时三年，平定了这场大叛乱，杀死了管叔、蔡叔与武庚。为了稳定东方的局势，周公将商遗民一分为二，一部分由以贤仁著称的纣王庶兄微子统率，封于宋，即后来的宋国；另一部分则由周武王的同母幼弟康叔统领，封为卫，即后来的卫国。也就是说，康叔管辖的是一群新近参与叛乱的前朝遗民，所担负的使命则是控制殷商故地，防止再次发生叛乱，责任不可不谓重，风险不可不谓大；所以周公特别要谆谆教诲，不厌其烦地以纣丧身亡国的惨痛教训来警示康叔。

此外，《酒诰》是中国历史上第一篇批评酒的危害的文献，同时也揭明了酒与政治之间的关系。《酒诰》并不绝对禁酒，只是提出了严格的要求——“越庶国，饮惟祀，德将无醉”，意思是说身为诸侯，只有在天子举行祭祀时，才能陪着喝酒，还要用道德和礼仪加以约束，不要喝醉了。也就是说，酒是一种具有宗教和政治意义的工具，是需要谨慎对待的。

《管辂别传》曰①：诸葛原与辂别②，诫以二事，言“卿性乐酒，量虽温克，然不可保，宁当节之。”辂曰：“酒不可尽，吾欲持才以愚，何患之有也？”

【注释】

①《管辂（lù）别传》：《三国志》裴松之注引用，今已失传。管辂，字公明，三国时魏人，以善占卜、预言吉凶而著名。

②诸葛原：字景春，与管辂友善，亦爱好占卜。

【译文】

《管辂别传》记载：诸葛原与管辂临别时，提醒他两件事，说“先生喜欢喝酒，虽说能克制有礼，但难保不会有失态的时候，还是少喝为好。”管辂答道：“喝酒这事是停不了的，我想抱才守拙，有什么可以担心的呢？”

【点评】

此条引用《三国志》裴松之注略有删节，因此文义有些含混不清。诸葛原的原话是：“卿性乐酒，量虽温克，然不可保，宁当节之。卿有水镜之才，所见者妙，仰观虽神，祸如膏火，不可不慎。”意思是告诫管辂饮酒难免过量失言，而善于预言吉凶有时也会招祸，希望他处事谨慎。管辂的回答是：“酒不可极，才不可尽，吾欲持酒以礼，持才以愚，何患之有也？”这番对话体现了三国时期士人在变幻莫测的政局下的避祸心态，很多人酗酒无度，其实是借酒舒缓凶险政治局面造成的巨大心理压力，浇胸中块垒。

晋祖台之与王荆州书①："古人以酒为戒，愿君屏爵弃卮，焚罍毁榼②，殛仪狄于羽山③，放杜康于三危④。古人系重，离必有赠言。仆之与君，其能已乎？"

【注释】

①祖台之：字元辰，范阳（在今河北徐水北）人。东晋士人，官至侍中、光禄大夫。同时也是志怪书的作者，但今已失传。王荆州：即王忱，字元达，太原晋阳（今山西榆次）人，东晋士人，官至荆州刺史。

②罍（léi）：古代容器。小口深腹，常用于盛酒。榼（kē）：古代酒器。

③殛（jí）：流放。羽山：山名。传说中舜杀鲧之处。

④三危：即三危山，传说中舜流放三苗之地。关于其具体所在，一说在甘肃敦煌东南，一说在甘肃岷山西南，一说在云南。

【译文】

晋代祖台之给王忱写信说："古人反对喝酒，希望你能摒弃爵和卮，焚毁罍与榼，在羽山处死仪狄，把杜康流放到三危山去。古人珍重友情，临别时肯定有言相赠。就凭我们的友情，我怎能闭口不言呢？"

【点评】

祖台之劝谏友人，诚挚恳切，足见友情深厚。可惜王忱并没有听从诤友的劝告。《晋书》中说他晚年嗜酒尤甚，经常连月不醒，有时还乘着酒劲带着门下宾客裸奔，比年轻时更要

白瓷西域胡人尊

放荡不羁。

《宋书》云[①]：王悦[②]，卷从弟也，诏为天门太守[③]。悦嗜酒辄醉，及醒，则俨然端肃。卷谓悦曰："酒虽悦性，亦所以伤生。"

【注释】

①《宋书》：梁沈约撰，全书一百卷，记述了刘宋王朝的历史。

②王悦：字少明，王羲之曾孙，为官清正。

③天门：郡名。晋代始设，在今湖南石门。

【译文】

《宋书》记载：王悦是王卷的堂弟，朝廷下诏任命他为天门太守。王悦喜欢喝酒，但又很容易喝醉，醒来之后，便仪态庄重严肃。王卷对王悦说："酒虽然能使人精神愉快，但也会伤身体。"

【点评】

其实很多能让人获得快乐的生活方式都是无益于健康的，比如熬夜看球、吃烧烤喝冰啤酒……倘若生活中只考虑长寿，那么这个人的人生一定无趣得很。

萧子显《齐书》[①]：臧荣绪[②]，东莞人也，以酒乱言，常为诫。

【注释】

①萧子显《齐书》：萧子显，字景阳，南齐高帝萧道成之孙。南齐灭亡后，奉敕撰修南齐史书。全书六十卷，今传五十九卷。《齐书》为其原名，为与唐代李百药撰写的《北齐书》相区别，而称《南齐书》。

②臧荣绪：南朝学者，隐居不仕，自号"披褐先生"。精研儒家经典，并撰写《晋书》

一百十卷。

【译文】

萧子显《南齐书》记载：臧荣绪是东莞人，因为饮酒会导致胡言乱语，常以之为戒。

【点评】

历史上还真有专门利用他人酒后失言罗织罪名的。三国时东吴的末代君主孙皓在宴饮时，派人监察群臣，治罪醉酒失言者，结果弄得人人自危。

《世说》[①]：晋元帝过江[②]，犹饮酒。王茂弘与帝友旧[③]，流涕谏。帝许之，即酌一杯，从是遂断。

【注释】

①《世说》：即《世说新语》，南朝宋刘义庆召集门下文人所撰写，记载魏晋时期士

晋元帝像　　王导像

《醉酒图》

大夫的言行，文辞清峻，被称为“志人小说”之祖。

②晋元帝：名司马睿，原受封琅玡王。西晋王朝灭亡后，司马睿在建康（今江苏南京）称帝继位，成为东晋王朝的开国皇帝。

③王茂弘：即王导，茂弘为其字。王导出身士族名门琅玡王氏，辅佐司马睿建立东晋，历仕东晋元帝、明帝、成帝三朝，是东晋的元勋重臣。

【译文】

《世说新语》记载：晋元帝渡江后，仍旧喝酒。王茂弘与元帝是旧交，痛哭流涕地向元帝进谏。元帝允诺，当场饮了一杯，从此滴酒不沾。

【点评】

王导是晋元帝尚为琅玡王时的旧交，在他的极力辅佐下，元帝才得以在南方站稳脚跟，建立东晋，以至于当时有“王与马，共天下”的说法。元帝性喜饮酒，这在史书上有明确记载，若非王导相劝，恐怕他很难戒断酒瘾。从另一方面来说，元帝虽然不是雄才大略之主，不过从这事反映出的坚毅果决来看，他能在西晋土崩瓦解之际，保住东南半壁江山，也是有些道理的。

王导劝谏元帝禁酒，一方面自然是担心元帝沉湎酒色，荒怠政务；另一方面也与他本人不喜且不能饮酒有关。《世说新语》说他“素不能饮”，稍微多喝一些，“辄自沉醉”。因此，除了元帝之外，他还常劝同僚戒酒。有一次他告诫爱喝酒的鸿胪卿孔群：“你为什么老是喝酒呢？你看那酒铺里用来封酒坛的布，不过几个月时间就被腐蚀烂掉了，喝酒伤身呐。”孔群很有些小聪明，马上回答说：“您说得不对。您没有发现酒糟肉比鲜肉更能长久保存么？”

《梁典》曰①：刘韶，平原人也②，年二十，便断酒肉。

【注释】

①《梁典》：以此为名的书籍有两种，一为陈朝何之元撰写，一为北周刘璠撰写，均是记载南朝梁代历史的史书，各三十卷，今皆不传。

②平原：汉郡名。在今山东德州一带。

【译文】

《梁典》记载：刘韶是平原人，二十岁的时候就不再饮酒吃肉了。

【点评】

古人说：“不做无益之事，何以遣有涯之生？”人要活得有趣味，看来有时是要付出一些健康的代价的。

梁王魏婴觞诸侯于范台①，酒酣，请鲁君举觞②。鲁君曰：“昔者帝令仪狄作酒而美之，进于禹。禹饮而甘之，遂疏仪狄而绝旨酒，曰：‘后世必有以酒亡国者。’”

【注释】

①梁王魏婴：即战国时魏惠王，魏国第三代国君。魏国建都于大梁（在今河南开封西北），故而亦称“梁国”。

②鲁君：即鲁恭公，亦作“鲁共公”，在位22年。

【译文】

梁王魏婴在范台设酒与诸侯会饮，喝到兴头上，他请鲁君举杯饮酒。鲁君说：“以前帝命令仪狄酿酒，觉得酒味甘美，进献给禹。禹饮后觉得甘美可口，于是疏远了仪狄并禁止美酒，说：‘后世一定会有因沉湎于酒而亡国的人。’”

【点评】

此故事出自《战国策·魏策》。魏惠王在位前期，魏国的国势比较强盛。因此，惠王十四年，鲁、宋、卫、郑四国君主前来朝拜，这一席谈话即发生于当时的招待宴会上。鲁恭公借大禹与仪狄的故事，阐明国君不可沉迷于酒色的道理，可谓义正辞严。

自从有殷纣王建酒池肉林的传说以来，古人往往将亡国之君与酒色联系在一起，虽说道德决定论的色彩过重，但也不是全然无道理。比如三国东吴的末代皇帝孙皓整日举办宴会，而且规定参加宴会者必须每人饮尽七斗酒，否则就要受到惩罚。比他还要有名的陈后主，更是整日在宫廷中与宠妃和御用文人们饮酒作乐，最后隋朝的大军兵临城下，才大惊失色，带着心爱的妃子躲到井里避难，成为千古笑柄。

《周官》：萍氏掌几酒①。谓之萍，古无其说。按《本草》述水萍之功②，云能胜酒。名萍之意，其取于此乎？

【注释】

①萍氏：古官名。几酒：指稽查贩酒过量和不合时令规定的饮酒、贩酒行为。

②水萍：即浮萍。

【译文】

《周礼》记载：萍氏掌管酒类的稽查。为何称之为“萍”，古人没有解释。《本草》说水萍有解酒的功效。将管酒的官员取名为“萍”，其用意大概就是出于此吧？

【点评】

本条源自《周礼·秋官》，原文为：“萍氏掌国之水禁，几酒，谨酒，禁川游者。”谨酒是指监察纵酒。从各种典籍中看，周代对于酒持严格管理、有限使用的态度，禁止非时、非礼、非量的饮酒行为。根据《周礼》的记载，负责酒类事务的酒正还要“掌酒之赐颁”，也就是说政府会通过控制酒类的发放，以节制人们饮酒。不过普遍的观点是，《周礼》所描述的官制体系有明显的理想化虚构，不能拿它与先秦时代的实际对号入座，所以是否真有萍氏这一官职，只能存疑。至于从浮萍的解酒功能来推测萍氏的命名起源，那更只是一种猜测罢了。

陶侃饮酒①，必自制其量，性欢而量已满。人或以为言，侃曰：“少时常有酒失，亡亲见约，故不敢尽量耳。”

【注释】

①陶侃：字士行，鄱阳（今江西鄱阳）人。出身于南方中下层士族，父亲陶丹曾任吴国扬武将军。早年仕途不畅，后在西晋末年的动乱中展现军事与政治才干，成为东晋的开国元勋。著名诗人陶渊明是其曾孙。

【译文】

陶侃饮酒，必定自己克制饮酒量，喝到心情畅快就到量不饮了。人们对此有所议论，陶侃说：“年轻时常因喝酒犯错，过世的父母约束告诫我，因此不敢放开喝酒。”

【点评】

陶侃在晋代颓废放荡的世风中卓尔不群，是当时少有的宏毅英武之士，从饮酒这一小节

《进酒图》

上即可以看出他的果决有为。但凡成就大事业者，首先应有战胜自我的决心和毅力，因为人的嗜好往往也就是他的弱点所在，我们常说“无欲则刚”，其实就是这个意思。永嘉前后，南迁的晋室君臣虽然时常将“克复中原”挂在嘴边，但实际苟且偷安的多，力行不怠的少。陶侃则不然，除了自己克制酒量，他对于身边将吏“谈戏废事者”也加以严厉处罚，将他们的饮酒博弈的器具扔入江中，并实行体罚，以儆效尤。

无独有偶，南宋名将岳飞早年也曾因酒误事，他的母亲与宋高宗都曾命他戒酒，于是便与手下将士约定，“直抵黄龙府，与诸君痛饮尔！”千载之下，我们当为这两位晋宋南渡之际的英杰浮一大白。

桓公与管仲饮，掘新井而柴焉，十日斋戒[①]，召管仲。管仲至，公执尊觞三行，管仲趋出。公怒曰：“寡人斋戒以饮仲父，以为脱于罪矣。”对曰：“吾闻湛于乐者洽于忧[②]，厚于味者薄于行，是以走出。”公拜送之。又云：桓公饮大夫酒，管仲后至。公举觞以饮之，管仲弃半酒。公曰：“礼乎？”“臣闻酒入舌出而言失者弃身。臣计弃身不如弃酒。”公大笑曰：“仲父就座。”

【注释】

①斋戒：古人在祭祀等重大活动前沐浴更衣，不食荤腥，远离女色。

②湛（chén）：沉迷。

【译文】

齐桓公与管仲饮酒，挖了一口新井并烧柴祭天，斋戒十天之后，才召请管仲前来。管仲到了，桓公拿着酒爵行了三次酒，管仲起身，快步走出。桓公很生气，说："我斋戒之后才请仲父您来饮酒，自以为这样做已经没有什么过错了。"管仲答道："我听说沉迷于享乐的人会遭遇忧患，重视美味的人德行轻薄，所以快步走出。"于是桓公向管仲行礼，送他离去。又有记载说：桓公招待大臣们饮酒，管仲晚到了。桓公举起酒觞让他喝酒，管仲喝了一半，倒掉了另一半。桓公问："你这样做符合礼么？"管仲回答说："为臣听说喝酒后信口开河的人会招致杀身之祸。我觉得与其弃身，不如弃酒。"桓公大笑道："仲父您请坐。"

【点评】

前一则故事出自《管子·中匡》。管仲之所以在桓公行酒三次后就离席，一是因为按照礼法，小宴饮酒不能超过三杯；二是想借机引出进谏的机会。后一则故事最早见于《吕氏春秋·达郁》。别人敬酒而不饮尽，是失礼的行为，更何况是君主所敬的酒。但管仲机智善辩，借机向桓公申明酒能乱性导致失言的道理，可谓是智者。

《北梦琐言》[①]：陆扆在夷陵[②]，有士子入谒，因命之饮。曰："天性不饮。"扆曰："已减半矣。"言当寡过也。

【注释】

①《北梦琐言》：宋孙光宪撰，全书二十卷，记载唐与五代士大夫的言行逸事。

②陆扆（yǐ）：字群文，嘉兴（今属浙江）人。唐代著名政治家陆贽的族孙，以才思敏捷著称。夷陵：即今湖北宜昌。

【译文】

《北梦琐言》记载：陆扆在夷陵的时候，有士子求见，陆扆就命他饮酒。那人说："我天生就不喝酒。"陆扆说："这样就已经减半了。"意思是说犯错误的可能减少了。

【点评】

人不可能不犯错误，重要的是减少自己的错误。

萧齐刘玄明政事为天下最①。或问政术，答曰："作县令，但食一升饭而不饮酒，此第一策也。"

【注释】

①萧齐：即南齐，由齐高帝萧道成建立，后被萧衍建立的梁所取代，仅持续了24年（479—502）。刘玄明：临淮（今江苏泗洪）人，曾任山阴县令。

【译文】

南齐时，刘玄明处理政务的本领首屈一指。有人向他咨询政务的诀窍，他回答说："当县令，每天只吃一升米饭而不喝酒，这是最首要的一条。"

【点评】

魏晋名士多纵酒、尚清谈，受此风气影响，南朝有很多士人东施效颦，以纵酒不理政务为通达，反而将勤于职守的视为"俗吏"，予以讥嘲。刘玄明这番话当是对此而发，并不是说吃好干饭就能当好官。

长孙登好宾客，虽不饮酒而好观人酣饮，谈论古今，或继以火。常恐客去，畜异馔以留之[①]。

【注释】

①馔（zhuàn）：食物、菜肴。

【译文】

长孙登为人好客，虽说自己不喝酒，却喜欢看人痛饮，谈论古今，天色晚了就点上火烛，继续酒宴。他总是害怕客人离去，于是准备了珍异的菜肴来留住客人。

【点评】

酒的快乐有直接的，有间接的。豪饮不醉，固然痛快淋漓；酒助谈兴，海阔天空，也是人生一乐。

赵襄子饮酒[①]，五日五夜不醉，而自矜。优莫曰[②]："昔纣饮酒七日七夜不醉，君勉之，则及矣。"襄子曰："吾几亡乎？"对曰："纣遇周武，所以亡。今天下尽纣，何遽亡？然亦危矣。"

【注释】

①赵襄子：名赵毋卹（xù），襄为其死后谥号。他在父亲赵鞅（赵简子）死后继承了赵氏家族。当时晋国国君已失去实权，政局被智氏、赵氏、韩氏、魏氏控制。赵襄子暗中联合韩魏，消灭了智氏，为后来的"三家分晋"奠定了基础，是战国时代赵国的实际创始人。

②优莫：原文误作"优真"，据《新序》改。

【译文】

赵襄子一连饮酒五天五夜，仍没有喝醉，因此而沾沾自喜。优莫对他说："以前纣王连喝七天七夜不醉，您再努力点，就赶上他了。"赵襄子说："你是说我快灭亡了么？"优莫回答：

“纣王遇到了周武王，所以灭亡了。现在天下都是纣王一般的君主，您怎么会马上灭亡呢？不过也已经很危险了。”

【点评】

此则故事出自刘向《新序·刺奢》。优莫此人，不见史书记载。从名字上推测，优可能指身份，莫才是他的名字。古代倡优并称，是指以歌舞、音乐、戏曲、杂耍等技艺为生的演艺人。从事这一职业者，在生活上依附于权贵富豪，靠表演技艺谋生，稍不如主人意，就有失业甚至丧命的危险。同时还遭到士人阶层的歧视，尤其是在欧阳修以大文豪的手笔写作了那篇著名的《新五代史·伶官传》后，这种情况就愈发严重了。不过正如同宦官中既有汉之十常侍、明之魏忠贤这样的大奸大恶之徒，也有郑和这样的大英雄一样；倡优中既有后唐庄宗身边那些乱政祸国的伶官，也有优莫这样敢于直言谠论的正直之士。

释氏之教尤以酒为戒，故《四分律》云[①]：饮酒有十过失，一颜色恶，二少力，三眼不明，四见嗔相[②]，五坏田业资生，六增疾病，七益斗

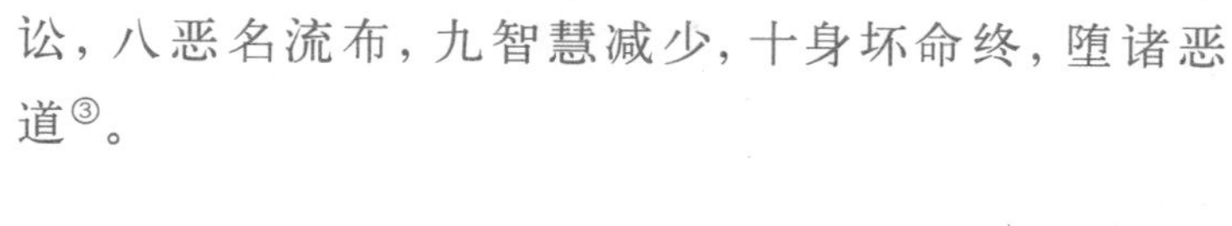

讼，八恶名流布，九智慧减少，十身坏命终，堕诸恶道[③]。

禁荤酒令牌

【注释】

①《四分律》：佛教戒律书，亦称《昙无德律》。十六国时期由佛陀耶舍、竺佛念译成汉文。

②嗔（chēn）：生气恼怒。

③恶道：佛教用语。指地狱、饿鬼、畜生三道。

【译文】

佛教尤其反对喝酒，因此《四分律》写道：饮酒有十大坏处。一是使人面色难看，二是损伤力气，三是损害视力，四是

使人发怒，五是浪费田财产业，六是使疾病增多，七是引发争斗不和，八是使人蒙受恶名，九是减少智慧，十是死后会坠入地狱。

【点评】

佛教对于酒的各种危害有深入的观察，这里的十条除去最后一条之外，都是相当正确的。当然若非佛教信徒，倒也不必滴酒不沾，明了其危害，饮时有节制即可。

《韩诗外传》①：饮之礼，跣而上坐②，谓之宴；能饮者饮之，不能饮者已，谓之醧③；齐颜色，均众寡，谓之沉；闭门不出，谓之湎。君子可以宴，可以醧，不可以沉，不可以湎。

【注释】

①《韩诗外传》：汉代研究《诗经》的有齐、鲁、韩、毛四家学派。韩诗一派的创始人为韩婴。《韩诗外传》即是韩氏一派有关《诗经》的学说，原有内传、外传两部分，内传早已失传，现存的外传也有后人的改动。

②跣（xiǎn）：光脚。

③醧（yù）：宴饮。

【译文】

《韩诗外传》记载：饮酒的礼，光着脚上坐，称为“宴”；能喝的人喝，不能喝的就不喝，称为“醧”；端正神色，无论酒量大小都喝一样多，叫做“沉”；待在家里整日喝酒，叫做“湎”。君子可以宴和醧，但不可以沉和湎。

【点评】

《韩诗外传》告诫我们酒可以喝，但不可沉湎其中，这道理人人都懂，但为何很多人还是沉迷于杯中物呢？唐代诗人曹邺有很好的解释，他在《对酒》中写道：“爱酒知是僻，难与性相舍。未必独醒人，便是不饮者。晚岁无此物，何由住田野。”

《魏略》曰①：太祖禁酒，人或私饮，故更其辞，以白为贤人，清酒为圣人。

【注释】

①《魏略》：三国魏鱼豢（huàn）私撰的魏国史书，记事至魏明帝曹叡止，现已失传。

曹操青梅煮酒论英雄

【译文】

《魏略》记载：曹操禁酒，有人私下偷着喝，就要更换称呼，称白酒为“贤人”，清酒为“圣人”。

【点评】

在我国历史上，曾有过多次酒禁。究其原因，往往与粮食不足有关。如西汉景帝中元三年（前107），“夏旱，禁酤酒”。东汉和帝永元十六年（104），兖、豫、徐、冀四州阴雨成灾，又“禁酤酒”。桓帝永兴二年（154），因旱灾和蝗灾，“禁郡国不得卖酒”。南朝宋文帝时，扬州大水，听从了主簿沈亮的建议禁酒。——这些酒禁都是因为自然灾害造成的暂时性粮食匮乏而临时采取的措施（有些还是地方性的），当然会随着灾害的缓解而失效。比如唐肃宗乾元元年（758），因粮食短缺引发长安酒价高昂，于是肃宗在长安实施禁酒，但约定粮食收获后就废止禁令（“期以麦熟如初”）。

还有一种情况是因动乱导致生产受到极大破坏而采取的酒禁，这类酒禁持续的时间会较长。曹操禁酒，就属于这类情况。在汉末三国时代，酒禁是一种普遍性政策，除曹操之外，刘备也曾推行，而且政策更为高压。但凡发现家中藏有酿酒工具的，无论是否真的酿酒，一概“有罪推定”，予以处罚。此外，吕布也曾下令禁酒。他的部将侯成为了拍马屁，向吕布进献自己酿制的酒，结果被吕布重责。侯成又惧又恨，后来在曹操攻打吕布时倒戈。魏晋南北朝时代，也屡次禁酒。如十六国中前赵的统治者石勒“以民始复业，资储未丰，重制禁酿”，据说此次酒禁推行了数年之后，举国上下不见酿酒者踪迹，可见执行力度之大。当然酒禁再严厉，也仍会有以身试法者，如上文提及的徐邈就是一例，在朝的官员尚且如此，更不用说普通民众了。

《典论》云①：汉灵帝末②，有司榷酒，斗直千钱。

【注释】

①《典论》：魏文帝曹丕的著作，原为五卷，现存《论文》、《自叙》两篇，其他均已失传。

②汉灵帝：名刘宏，东汉第十一帝，在位22年（168—189）。其间朝政昏乱，宦官擅权，最终于公元184年爆发了黄巾军大起义，从此汉朝名存实亡，全国陷入军阀混战的局面。

【译文】

《典论》称：汉灵帝在位的末期，官府专卖的酒，一斗要价一千文钱。

【点评】

前已述及，对酒实行政府专卖，始于汉武帝。专卖政策时兴时废，不过补充财政的目的倒是始终不移，有时还与征收酒税的措施相结合。这些措施若实行得好，不失为增加税收、遏制过分将粮食消耗于酿酒的调节办法。如北宋太宗至道二年（956）所征得的酒税达48万余贯（1贯为1000文钱）。到真宗天禧末年，在此基础上又增加了39.1万贯。

但是像灵帝这样斗酒千文，那就太骇人听闻了，这已经不是“与民争利”，而是近乎于抢钱了。杜甫有诗云“速须相就饮一斗，恰有青铜三百钱”，宋人据此认为唐代酒价为一斗三百文。如果这一推断属实，那么灵帝时酒价大致相当于盛唐时的三倍有余，不可谓不惊人。

《西京杂记》云：司马相如还成都[①]，以鹔鹴裘就里人杨昌换酒[②]，与文君为欢[③]。

《凤求凰》中“文君当垆图”

【注释】

①司马相如：字长卿，蜀郡成都（今四川成都）人。早年曾游梁孝王门下，后因所作《子虚赋》为汉武帝赏识，被召入宫廷，成为武帝的文学侍从之臣。司马相如是汉赋大家，所创作的《子虚赋》、《上林赋》等作品，辞采宏丽，铺陈繁缛，是汉大赋的代表性作品。

②鹔鹴（sù shuāng）裘：用鹔鹴鸟皮制成的大衣。鹔鹴，雁的一种，颈长，羽毛为绿色。

③文君：即卓文君，司马相如的妻子。父亲为临邛富豪，文君年轻守寡，与相如邂逅后，两情相悦，于是不顾家人反对，与相如私奔。

【译文】

《西京杂记》称：司马相如回到成都，用鹔鹴裘到街坊杨昌那里换酒喝，与卓文君寻欢作乐。

【点评】

司马相如与卓文君私奔的爱情故事是历代文人羡称的佳话，除却风流冶艳之外，两人故事中的潇洒豪放也同样引人入胜。以昂贵的鹔鹴裘换酒喝，也只有司马相如这样的浪荡子和卓文君这样不识愁滋味的富家女才会有此手笔。后来两人生计无着，文君当垆卖酒，恐怕也不仅是为了谋生，而是为了能天天喝酒。

黄慎《醉眠图》

以裘换酒后来被目为一掷千金的豪举，而为人津津乐道。李白的《将进酒》是千古称颂的名篇，最后豪兴万丈，直呼“五花马，千金裘，呼儿将出换美酒，与尔同销万古愁”，其豪情更胜过相如、文君不少。

宋明帝《文章志》云①：王忱每醉，连日不醒，自号“上顿”。时人以大饮为上顿，自忱始也。

【注释】

①宋明帝《文章志》：明帝名刘彧（yù），南朝宋第六帝，在位8年（465—472）。《文章志》，全名《江左以来文章志》，现已散佚，鲁迅曾做辑佚。

【译文】

宋明帝《文章志》记载：王忱每次喝醉，都会好几天神志不清，于是自称“上顿”。当时人将豪饮称为"上顿"，就是从王忱开始的。

【点评】

王忱嗜酒的事迹在《世说新语》和《晋书》中均有记载。他晚年尤其嗜酒，经常是一饮连月不醒，有时喝醉了还会裸奔。纵酒放诞，很有些刘伶的味道。他有一句名言："三日不饮酒，觉形神不复相亲。"最后他死于荆州任上，据说便是饮酒过量所致。

《益部传》曰[①]：杨子拒妻刘泰瑾贞懿达礼。子元琮醉归舍，刘十日不见。诸弟谢过，乃责之曰："汝沉荒不敬，自倡败者，何以帅先诸弟？"

【注释】

①《益部传》：全名《益部耆旧传》，原书十篇，内容为东汉以来的巴蜀地方的名人事迹，现已亡佚。作者为陈寿，即《三国志》的作者。

【译文】

《益部传》记载：杨子拒的妻子刘泰瑾贞洁懿美，知书达礼。她的儿子杨元琮喝醉了回家，刘泰瑾十天不与他见面。元琮的弟弟们都为他谢罪说情，刘泰瑾于是责备元琮说："你沉迷荒废而不稳重，自甘堕落，还怎么给弟弟们做表率呢？"

【点评】

刘泰瑾持家以道，教子有方，这个故事是可以与"孟母三迁"并列的。

酒谱

外篇 神异

张华有九酝酒①，每醉，即令人传止之。尝有故人来，与共饮，忘敕左右。至明，华寤，视之，腹已穿，酒流床下。事出《世说》。

【注释】

①张华：字茂先，范阳方城（在今河北固安南）人。年少好学，因受阮籍的赞赏而名声大噪，官至司空，公元300年死于“八王之乱”。张华是西晋著名的文学家，同时还以博学洽闻、精于方术而知名，著有《博物志》等。

【译文】

张华有九酝酒，每次喝醉，就让人从旁制止。一次有老朋友来访，张华与他共饮，忘记嘱咐仆从。到天亮张华醒来后一看，发现他朋友的肚子已经被蚀穿，酒流到了床下。此事出自《世说新语》。

【点评】

此事不见于今本《世说新语》，而见于《太平广记》卷二三三，应是现已散佚的《世说新语》本文或刘孝标注。文中提及的九酝酒，也称“九酿酒”，是指一种在酿制过程中逐次投料、多次发酵的美酒，这种酒的浓烈程度要高出普通的酒不少。据《太平广记》所引，饮用这种酒后睡觉，需要有人帮助不停翻身，否则就会腐蚀内脏。但这一次张华忘记嘱咐仆人为他的朋友翻身，结果导致惨剧发生。本条提及的“九酝酒”与下一条提及的“消肠酒”颇为类似，读者可以参看。

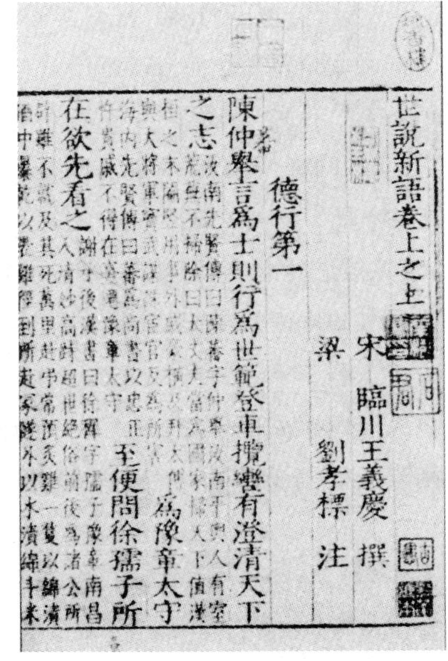
世說新語卷上之上
宋 臨川王義慶 撰
梁 劉孝標 注
德行第一
陳仲舉言爲士則行爲世範登車攬轡有澄清天下之志……爲豫章太守至便問徐孺子所在欲先看之……

明刻本《世说新语》书影

王子年《拾遗记》[①]：张华为酒，煮三薇以渍曲蘖。蘖出西羌，曲出北胡，以酿酒，清美醇鬯，久含令人齿动。若大醉不摇荡，使人肝肠消烂，俗谓“消肠酒”。或云醇酒可为长宵之乐。两说声同而事异也。

【注释】

①王子年《拾遗记》：作者王嘉，字子年，陇西安阳（今甘肃渭源）人，十六国时期方士。受前秦苻氏政权礼遇，被后秦姚苌所杀。《拾遗记》又名《拾遗录》，原为十九卷，中经战乱，颇有散失，经梁代的萧绮收集整理，形成目前的十卷。此书记载了大量神仙奇异之事，是较为重要的魏晋志怪小说之一。

【译文】

王嘉《拾遗记》记载：张华酿酒，蒸煮三薇来浸泡曲蘖。蘖产自西羌，曲产自北胡，用它们酿酒，酒味清美浓郁，长时间含在口中，会让人牙齿松动。若喝得大醉而不翻动身体，就会腐蚀内脏，俗称“消肠酒”。有人说，醇酒可以用来通宵行乐，因此称之为“宵长酒”。这两种说法虽说同音，所指却不同。

【点评】

饮酒过度当然破坏健康，但也不至于会腐蚀内脏。根据本人的推测，之所以出现这种传闻，可能古人将饮酒过量导致的急性胃出血之类的病症加以夸大的结果吧。

崔豹《古今注》云[①]：汉郑弘为灵文乡啬夫[②]，夜宿一津，逢故人。四顾荒郊，无酒可沽，因以钱投水中，尽夕酣畅，因名“沉酿川”。

【注释】

①崔豹《古今注》：崔豹，字正熊，西晋人，惠帝时曾任太傅丞。《古今注》全书三卷，杂记名物、制度、异闻等。

②郑弘：字巨君，会稽山阴（今浙江绍兴）人。东汉政治家，官至太尉。原文误作“魏弘”，据《古今注》改。灵文乡：在会稽郡山阴县，原文误作“阌乡”，据《古今注》改。啬（sè）夫：古代官名。乡官的一种，秦代始置，负责诉讼、征收赋税。

【译文】

崔豹《古今注》记载：汉代的郑弘当灵文乡的啬夫时，有天晚上在某渡口休息，遇到了老朋友。四周都是荒野，无酒可买，他将钱扔进河中，整夜畅饮，于是将这条河命名为“沉酿川”。

【点评】

除《古今注》外，《博物志》等书也记载了该故事。据说，“沉酿川”即“越中三大名溪”之一的若耶溪。

义宁初[①]，有一县丞甚俊而文[②]，晚乃嗜酒，日必数升。病甚，酒臭数里[③]，旬日卒。

【注释】

①义宁：隋恭帝年号，仅2年（617—618）。

②县丞：县令的辅官，主要负责文书、刑狱、仓库等事务。

③臭（xiù）：气味。

【译文】

义宁初，有一名县丞长得很是俊美文雅，晚年时喜欢上了喝酒，每天都要喝几升。他生了重病，身上的酒味飘散到数里外都能闻到，过了十来天就死了。

【点评】

此条见《太平广记》卷二三三引隋代萧吉《五行记》。《五行记》讲述这一故事的原意是用以宣讲佛门禁酒的戒律，称县丞发出酒臭是他平日嗜酒的报应。

张茂先《博物志》云[①]：昔刘玄石从中山酒家沽酒[②]，酒家与之千日酒，而忘语其节度。归日沉瞑，而家人不知，以为死也，棺斂葬之。酒家经千日，忽悟而往告之。发冢，适醒。齐人因乃能之为千日酒，饮过一升醉卧。有故人赵英饮之逾量而去，其家以为死，埋之。计千日当醒，往至其家，破冢出之，尚有酒气。事出《鬼神玄怪录》[③]。

【注释】

①《博物志》：晋张华著，是一部博物志怪书，共十卷。

《憩寂图》

②中山：汉代郡国名。在今河北定州一带。

③《鬼神玄怪录》：此书未见他书记载，作者及时代不详。

【译文】

张华《博物志》记载：以前刘玄石在中山酒铺买酒，酒铺卖给他千日酒，却忘记告诉他这种酒的禁忌。刘玄石回家后昏迷不醒，家人不知道，以为他死了，就用棺材将他安葬了。过了一千天，酒家突然醒悟过来，急忙去通知刘家。大家将墓挖开，刘玄石刚好醒来。齐地人因乃会酿千日酒，喝超过一升就会醉倒。有位老朋友赵英喝过量了回家，家里人以为他死了，将他埋葬。因乃计算到一千天赵英应当苏醒的时候，到赵家去，挖开坟墓，将赵英抬出来，他身上还带着酒气。此事出自《鬼神玄怪录》。

【点评】

刘玄石的故事最早见于张华《博物志》，情节与上文大略相同。晋干宝《搜神记》也有记载，但内容更为丰富，情节更为奇幻，称酿造千日酒者为中山人狄希，禁不住刘玄石的央求，给了他一杯千日酒，结果引发了酒醉似死的闹剧。奇特的是，破棺后刘玄石身上还是酒气冲天，围观者闻到的也都醉倒了三月之久。后一则齐人因乃与之类似，可见在魏晋时代，所谓醉人千日的美酒这种传说在社会上广泛流传，以致出现了多种内容和题材相似的奇异故事。

《尸子》曰[①]：赤县洲者[②]，是为崑崘之墟[③]，其卤而浮为蓬芽，上生红草，食其一实，醉三百年。

【注释】

①《尸子》：尸子名佼，战国时代晋人，为商鞅门客。《尸子》内容驳杂，被列入杂家，而思想接近于儒家，原有二十篇，后散佚，今存为辑本。

②赤县洲：昆仑山中的仙山。

③崑崘：传说中的神山，古人认为是神仙所居之处。

【译文】

《尸子》称：赤县洲是崑崘山中的一座山，那里的咸水浮起来而为蓬芽，上面生有红草，只要吃一个红草结出的果实，就会醉三百年。

【点评】

由于山川远隔，讯息不通，加之认知水平低下，古人总是习惯对异地远方的动植物加以神奇化的想象，并且津津乐道。这在《山海经》中体现得尤为明显，而且这类记载并不限于地理博物书，在秦汉古籍中屡屡可见。

王充《论衡》云[①]：项曼都好道，去家三年而返，曰："仙人将我上天，饮我流霞一杯，数月不饥。"

【注释】

①王充《论衡》：王充字仲任，会稽上虞（今浙江上虞）人，东汉思想家。全书八十五篇，批驳了东汉时代信谶纬、好迷信的虚妄风气，是汉代思想史上的重要著作。

【译文】

王充《论衡》称：项曼都爱好求仙练道，离家三年之后回到家中，说："仙人带我上天，给我喝了一杯流霞酒，一连几个月都不再感到饥饿了。"

【点评】

在道教传说中，饮用天上的仙酒，诸如瑶琼、玉膏等等，小可以充饥，大可以长生不老。如《神异经》称，"西北卜外有人，长二千里，但月饮天酒五斗，不食五谷"。在这类传说中，液体的酒、露，都被视为凝聚了天地间的精华；而吸风饮露的行为，最早可以溯源至《庄子·逍遥游》所描写的姑射山中的神人，后来被方术、道教所吸收，成为其修炼求仙传统的一部分。而原本在传说中神仙所饮用的琼浆玉露，也逐渐成为人间美酒的代名词了。

道书谓露为天酒，见东方朔《神异经》[①]。

【注释】

①东方朔《神异经》：东方朔字曼倩，汉武帝时人，以机智善谏、滑稽而有文才而闻名。《神异经》是一部记载荒远之地、珍禽异兽的博物志怪书。原有二卷，今存一卷。并非东方朔所作，而系伪托，今人认为成书在时代稍后的西汉末年。

【译文】

道书称露水是天上的神酒，这种说法见东方朔的《神异经》。

【点评】

《神异经》虽然是本伪书，但是从中仍可以窥见古人将酒神秘化，视为天地菁华的观念。

刘向《列仙传》曰①：安期先生与神女会于圜丘②，酣玄碧之酒。

【注释】

①刘向：字子政，西汉末年著名的学者，其最大的功业是整理汉王朝的宫廷藏书，很多先秦古籍都是经刘向的整理而最终成书的（如《战国策》、《荀子》）。《列仙传》：原文误作《列女传》，据《初学记》改。《列女传》七卷，刘向撰，专记古代妇女事迹。《列仙传》，旧题刘向撰，是一部记载神仙事迹的志怪书，后被收入《道藏》。

②安期先生：名安期生，又称“安丘先生”，琅玡（今山东临沂）人。师从河上公，是秦汉之交的方士。后被道教徒奉为“上清八真”中的“北极真人”，尤其受上清派的尊崇。圜(yuán)丘：古代帝王冬至祭天之所。

【译文】

刘向《列仙传》记载：安期先生与神女在圜丘相会，畅饮玄碧酒。

【点评】

此条不见于今本《列仙传》，应是佚文。安期生是秦汉之交富有神秘色彩的人物，在齐地沿海一带卖药，当时人称之为“千岁翁”。秦始皇巡游天下至琅玡郡，曾向他咨询长生不老之术，一连谈了三日三夜。据说秦始皇后来派人入东海寻觅蓬莱等仙

刘向像

山，正是为了寻找安期生。

石虎于大武殿起楼[①]，高四十丈。上有铜龙，腹空，着数百斛酒，使胡人于楼上漱酒。风至，望之如雾，名曰粘酒台，使以洒尘。事见《拾遗记》。

【注释】

①石虎：十六国时期羯族政权后赵的君主，在位15年（335—349），以凶暴奢靡而著名，是历史上有名的昏暴之君。

【译文】

石虎在大武殿建造高楼，高四十丈。楼上有铜制的龙，龙腹是中空的，里面盛着数百斛酒，让胡人在楼上漱酒。起风时从远处望去，飘洒下来的酒如同云雾一般，这座高楼被称为“粘酒台”，用来清除尘土。这事见《拾遗记》记载。

【点评】

上文多次提到饮酒亡国，其实像石虎这样滥用民力，大兴土木，才是真正的自取灭亡之道。

魏贾锵有奴，善别水，尝乘舟于黄河中流，以匏瓠接河源水[①]，一日不过七八升。经宿，色如绛。以酿酒，名崑岺觞，芳味绝妙。曾以三十斛献魏帝。

【注释】

①匏瓠（páo hú）：即葫芦。

【译文】

魏时的贾锵有一名奴仆，善于鉴别水的优劣，曾乘船在黄河中，用葫芦接黄河源头的

《宫乐图》（唐佚名画作，后人摹绘）

水，一天只能得到七八升。放置一夜，水色呈绛红。用其酿酒，称之为“崑峇觞”，味道无与伦比。贾锵曾向魏帝进献了三十斛崑峇觞。

【点评】

此故事出自《酉阳杂俎》。河源水放置一夜就变成绛红色，自然是虚构附会，不过这个故事也从侧面反映出古人非常注重造酒用水的水质，而这自然是我们的先民在长期的酿酒实践中所得出的重要经验。

李肇云：郑人以荥水酿酒，近邑之水重于远郊之水数倍。事见《出世记》。

【译文】

李肇说：郑人从荥水取水酿酒，城市边上的水比远郊的水重好几倍。事见《出世记》。

【点评】

我们当然知道不会有比一般水重数倍的水，这条反映的还是古人酿酒对用水水质的关注。

尧登山，山涌水一泉，味如九酝，色如玉浆，号曰醴泉。

【译文】

尧帝登山，山上涌出一眼泉水，味道如同九酝酒，色泽如同玉浆，称之为“醴泉”。

【点评】

在古代文献中，醴泉的含义有两种。其一指甜美的泉水，醴即相当于今天所说的酒酿，在古代是一种甜味的淡酒，因此用它来比喻泉水的甘美。其二指及时的雨水，如《尔雅》称：“甘露时降，万物以嘉，谓之醴泉。”至于如何又与尧的传说结合在一起，则不可知。

《南岳夫人传》曰[①]：夫人贶王子乔琼苏渌酒[②]。

【注释】

①《南岳夫人传》：即《南岳夫人内传》，或称《南岳魏夫人传》。记载的是魏晋时期道教人物魏华存的事迹，华存字贤安，后被册封为“高元宸照紫虚元道元君”，并被奉为道教上清派的始祖。今传《南岳魏夫人传》的蓝本是《太平广记》卷五十八的《魏夫人》，已非原书。

②王子乔：传说为周灵王太子，被道士浮丘公接上嵩山，点化得道。

【译文】

《南岳夫人传》称：夫人送给王子乔琼苏渌酒。

【点评】

魏夫人与王子乔会面对饮当然是道教传说的穿凿附会。

《十洲记》曰[①]：瀛洲有玉膏如酒[②]，名曰玉酒，饮数升，令人长生。

【注释】

①《十洲记》：与《神异经》很类似，是记载各地山川、奇草异兽的地理志怪书，同时也记载了汉武帝的传说。托名于东方朔，今人研究认为实际是东汉末年所作。

②瀛洲：古代传说中的海上仙山。

【译文】

《十洲记》称：瀛洲有玉膏，像酒一般，名为“玉酒”，只要喝几升，就能使人长生不老。

【点评】

《十洲记》是较为著名的志怪小说，其中多有长生不老之类的内容。从其内容和成书时代可以判断，这是一部很受早期道教影响的著作。

《东方朔别传》云①：武帝幸甘泉②，见平坂道中有虫，赤如肝，头目口齿悉具。朔曰："此怪气，必秦狱处积忧者，得酒而解。"乃取虫置酒中，立消。后以酒置属车③，为此也。

【注释】

①《东方朔别传》：此书今已失传。

②幸：古代帝王至某地，称"幸"。甘泉：即甘泉宫，在今陕西淳化西北甘泉山。始建于秦，汉武帝时进行了大规模扩建。

③属车：帝王出行时的侍从车。

【译文】

《东方朔别传》称：汉武帝前往甘泉宫，发现平坂道中有虫，颜色红得像肝脏一样，头眼嘴牙样样都有。东方朔说："这是怪气，一定是秦代监狱所累积的忧苦愁痛变成的，用酒可以化解。"于是把这个虫子放到酒里，马上就消失了。后来在君王随行车辆上放置酒，就是为这个原由。

东方朔像

【点评】

这一传说见《太平广记》卷四七三引《东方朔传》，比此处所引更为详细。原文称，东方朔说这种虫子是由秦代监狱中的冤魂戾气化成的，其名叫"怪哉"，也就是"奇怪啊"的意思。之所以得名，据东方朔称，是因为这些人无辜入狱，整天仰天长叹："奇怪啊，我是因为什么被抓的呢？"而酒是用来消解忧愤的，所以用酒可以消去"怪哉"。故事固然荒诞不经，但表达的意思却很实际，即酒可解愁。

酒谱

外篇 异域酒

天竺国谓酒为酥[①]。今北僧多云“般若汤”[②]，盖庾辞以避法禁尔，非释典所出。

【注释】

①天竺国：印度的古称。

②北僧：指辽国的僧人，当时宋辽南北对峙，宋称辽为“北朝”。般若：佛教语。意译为“智慧”。

【译文】

天竺国把酒叫做“酥”。现在辽国僧人经常叫它“般若汤”，这是用暗语逃避戒律，并非出自佛教的典籍。

【点评】

“般若”在梵文中是智慧的意思，所谓“般若汤”，意为引发智慧之水。使用这一暗语，比之“贤人”、“圣人”，的确更有智慧。

《古今注》云：乌孙国有青田核[①]，莫知其树与花。其实大如五六升匏，空之，盛水而成酒。刘章曾得二焉[②]，集宾设之，可供二十人。一核才尽，一核复成。久置则味苦矣。

【注释】

①乌孙国：古代西域游牧民族，活动范围在今新疆北部伊犁河流域。

②刘章：即西汉朱虚侯刘章。

【译文】

《古今注》记载：乌孙国出产青田核，没人知道它的树与花是什么样子的。它的果实有五六升的葫芦那么大，把它挖空，倒水进去就会变成酒。刘章曾经得到过两个，召集宾客宴饮，可以供二十人饮用。喝完一核，另一个里的水又变成了酒。但放置时间长了，味道就变苦了。

【点评】

前文曾提及用荷叶制成的碧筒杯，青田核则是取自天然、富有野趣的酒水，与前者有异曲同工之妙。宋人张表臣有《青田壶碧筒酒》，合咏二物："酿忆青田核，觞宜碧藕筒。直须千日醉，莫放一杯空。"

波斯国有三勒浆①，类酒，谓庵摩勒、毗梨勒也。

【注释】

①波斯：伊朗的古称。

【译文】

波斯国出产三勒浆，与酒类似，说的是庵摩勒、毗梨勒酿成的。

【点评】

此条出自唐李肇《国史补》卷下："又有三勒浆，类酒，法出波斯。三勒者，谓庵摩勒、毗梨勒、诃梨勒。"庵摩勒，即油柑，又称"余甘子"，可入药。毗梨勒类似于胡桃。诃梨勒的果实形状类橄榄，可入药。这三种植物都是从外国传入的，用它来制作酒精类饮料，对于通常用粮食酿酒的中国人来说，是非常新鲜奇特的。

诃陵国人以柳花、椰子为酒①，饮之亦醉。

【注释】

①诃陵国：古国名。在南海中。

【译文】

诃陵国人用柳花和椰子酿酒，喝了也会醉。

《胡人饮酒图》

【点评】

在习惯以粮食为原料酿酒的古代中国人看来，用其他原料酿酒是很奇特的。事实上，酿酒就是将糖类转化为乙醇，像椰子这样的热带水果，糖分含量很高，是很容易酿酒的。

大宛国多以葡萄酿酒[①]，多者藏至万石，数十年不坏。

【注释】

①大宛（yuān）国：西域古国名。在帕米尔高原西侧今乌兹别克斯坦境内，出产著名的汗血宝马。

【译文】

大宛国多用葡萄酿酒，多的时候储藏量有万石之多，放几十年也不会变质。

【点评】

今天说到葡萄酒，人们首先会想到法国。实际上，葡萄酒在西方、近东和中东地区都相当普及，近来考古学家还在以色列发现了罗马时代的规模惊人的葡萄汁压榨作坊遗址。而我国接触葡萄酒的时间较晚，大约是西汉时从西域传入的。《汉书·西域传》称大宛国出产葡萄酒，这是葡萄酒第一次在我国文献中出现。尽管早在汉武帝时，张骞出使西域，就已带回了葡萄，但中原地区用葡萄酿酒似乎不很发达。一直到唐代，“葡萄美酒

敦煌壁画《张骞出使西域图》

夜光杯”，还是诗人笔下西塞边陲的象征，可见葡萄酒当时仍是西部的特产。根据学者的研究，中国人掌握葡萄酒正确制法是640年唐太宗攻破高昌国（在今新疆吐鲁番一带）时获得的。而葡萄酒之所以在我国长期受人赞誉、生产规模却很小，主要受制于葡萄的种植规模。

《扶南传》曰①：顿孙国有安石榴②，取汁停盆中数日，成美酒。

【注释】

①《扶南传》：三国吴将领康泰撰，也称《扶南土俗传》。该书是康泰奉孙权之命出使南海、中南半岛后的记录，现已失传，仅有清人辑本。

②顿孙国：又称“顿逊”、“典逊”，东南亚古国，为扶南的属国，在今缅泰边境一带。安石榴：即石榴，因产自安息国（在今伊朗高原）而得名。

【译文】

《扶南传》记载：顿孙国出产安石榴，榨出汁来在盆中放几天，就会变成美酒。

【点评】

《酒谱》此条有误。据《梁书·诸夷传》，顿逊国有“酒树”，外形类似安石榴，采其花汁放置瓮中，数日成酒。

酒树并非天方夜谭，在非洲津巴布韦，就有一种能分泌酒香味液体的树木。此外，一般水果中的糖分在一定条件下也会自然发酵，比如水果腐败变质，最初时会发出酒味，这就是自然发酵的结果。有学者据此认为，最早的酒并不是用粮食有意酿造的，而是水果、动物乳汁自然发酵偶然获得的，因为粮食很难自然发酵，而水果中的果糖在一定条件下就会自然发酵。在日常生活中，水果在腐烂变质之初，会散发出酒味，其实就是自然发酵的结果。

真腊国人不饮酒[①]，比之淫。惟与妻饮房中，避尊长见。

【注释】

①真腊国：中南半岛古国，在今柬埔寨境内，即柬埔寨历史上的吉蔑王国。

《弄胡琴图》

【译文】

真腊国人不喝酒，将喝酒视之为淫乱一样的行为。人们只在家里和妻子饮酒，不让尊长看见。

【点评】

由于宗教、信仰及文化习惯等原因，各民族往往有着独特的生活习俗。而对其文化传统不了解的外人则往往从自己的生活经验和思维角度出发，对异族的习俗抱有猎奇、轻视等心态，其实这都是一种傲慢的偏见罢了。

房千里《投荒录》云[①]：南方有女数岁，即大酿酒。候陂水竭[②]，置壶其中，密固其上。候女将嫁，决水取之供客，谓之女酒，味绝美。居常不可发也。

【注释】

①房千里《投荒录》：《投荒录》，又名《投荒杂录》。作者房千里，字鹄举，

河南(今河南洛阳)人。唐代文学家,最著名的作品是传奇《杨倡传》,此外还著有《南方异物志》。

②陂(bēi):池塘。

【译文】

房千里《投荒录》称:在南方,到女儿几岁大时,就大量酿酒。等池塘中的水干涸后,将盛酒的壶放在塘里,上面密封起来。等到女儿出嫁的时候,挖开池塘放水,取出酒来招待客人,称之为"女酒",味道极为美妙。平时是不打开喝这种酒的。

【点评】

晋人阮含《南方草木状》也有类似的记载,推测《投荒录》可能是从该书转抄的。通过这条记载我们可以知道,今日闻名遐迩的"女儿红",其源流可以上溯至汉晋时代。

扶南有椰浆[①],又有蔗及土瓜根酒,色微赤尔。

【注释】

①扶南:中南半岛古国名,又称

持酒杯、酒壶的宫女

"夫南"。辖境为柬埔寨及老挝、泰国、越南的一部分，国势强盛，公元7世纪被原先的属国真腊所灭。

【译文】

扶南有椰子汁，又有甘蔗和土瓜根酒，色泽微微发红。

【点评】

以椰子酿酒，并非外国所独有。晋人刘欣期《交州记》称："椰子有浆，截花以竹筒承其汁，作酒饮之，亦醉也。"说明我国岭南地区在晋代就已经用椰子制酒了（汉代交州辖境包括广西、广东及今越南北部，晋代从中划分出广州）。用甘蔗酿酒，始见于《西京杂记》，称"梁人作藷蔗酒，名金浆"（藷蔗是甘蔗的别称）。

又有昆仑酒名，事见盛鲁望诗。

【译文】

又有所谓昆仑酒的名称，见盛鲁望的诗歌。

【点评】

此条疑有误，"盛鲁望"似应作"陆鲁望"（即唐代诗人陆龟蒙，鲁望为其字）。所谓诗歌，似为《奉和袭美赠魏处士五贶诗·诃陵尊》："鱼骼匠成尊，犹残海浪痕。外堪欺玳瑁，中可酌昆仑。水绕苔矶曲，山当草阁门。此中醒复醉，何必问乾坤。"

酒谱

外篇

性味

《本草》云："酒味苦、甘辛，大热，有毒，主行药势，杀百虫恶气。"《注》①："陶隐居云②：大寒凝海，惟酒不冰，明其性热独冠群物。饮之令人神昏体弊，是其毒也。昔有三人晨犯雾露而行，空腹者死，食粥者病，饮酒者疾，明酒御寒邪过于谷气矣③。酒虽能胜寒邪，通和诸气，苟过则成大疾。"《传》曰："惟酒可以忘忧，无如病何。"《内经》十八卷，其首论后世人多夭促，不及上古之寿，则由今之人以酒为浆，以妄为常，醉以入房，其为害如此。凡酒气独胜而谷气劣，脾不能化，则发于四肢而为热厥④，甚则为酒醉，而风入之，则为漏风，无所不至。凡人醉，卧黍穰中，必成癞；醉而饮茶，必发膀胱气；食酸，多成消中⑤。

【注释】

①《注》：指《神农本草》注，唐前有吴普等多人为该书作注。

②陶隐居：即陶弘景，字通明，自号华阳隐居，因而称"陶隐居"。他是丹阳秣陵（在今江苏南京）人，南北朝道士，道教茅山宗的创始者。同时也是医药学家，增补《神农本草经》，撰成《本草经集注》（敦煌卷子中有该书残卷）。

③谷气：指饮食后积聚于人体的力量。

④热厥：中医术语。指受邪热阻碍阳气流通，而使手足发冷。

⑤消中：中医术语。又称"消渴"，

陶弘景像

症状为口渴、易饿、尿频、消瘦。

【译文】

《本草》说："酒的味道苦甜而微辣，热性很大，有毒，能辅助发挥药效，可以杀灭百虫恶气。"《注》称："陶弘景说，严寒时海水都会结冰，只有酒不会，这表明酒的热性超过各种东西。喝酒会让人神志昏迷，身体无力，这是它的毒性所致。以前有三个人清晨冒着大雾出行，结果空腹的那人死了，吃了稀饭的得了重病，饮酒者只生了小病，这说明酒御寒驱邪的效果超过谷气。酒虽然能压制寒邪，通畅人体内的各种气，但喝多了就会引发大病。"《传》说："只有酒可以让人忘记忧愁，但奈何它会让人生病。"《黄帝内经》十八卷，首先讨论的是后世人多短命而死，不及上古人长寿，就是因为现在的人把酒当水喝，把随便妄为当作正常，喝醉了还要行房事，它的危害就是这样。但凡酒气超过谷气，脾就无法化解，于是酒气发散于四肢，引起热厥，严重时则为酒醉，此时风寒侵入人体，就会形成漏风，风寒会侵袭全身。但凡喝醉了躺在稻草秆上的，肯定会得恶疮；醉了喝茶，肯定会引发膀胱病；醉后吃酸的，大多会得消中病。

【点评】

关于酒的保健作用和对身体的危害，一直是人们议论的热点。一方面长期过量饮酒，对肝脏、神经系统等，都会有很大危害；另一方面，酒具有活血的功能，制作成药酒，更有滋补强身的功效。现代医学的研究表明，适量饮用葡萄酒对于心脑血管具有很好的保健作用，特别是在每晚临睡前饮用一小杯，更具有安定睡眠的妙用。所以说，酒对于人的健康而言，是一把双刃剑，是有利还是有害，取决于是否饮酒适度。

此外，人们常有一个认识误区，认为茶能解酒。从本条可以知道，这样做是有损健康的。最好的解酒方法就是不要喝醉。

皇甫松《醉乡日月》记云[①]：松脂蠲百病[②]。每糯米一斛，松脂十四两，别以糯米二升，和煮如粥。冷着小麦麹一斤半，每片重二三两。火曝

钱选《扶醉图》

干，捣为末，搅作酵。五日以来，候起办炊饭，米须薄之，更以曲二十片火焙干作末，用水六斗五升、酵及麴末、饭等一时搅和，入瓮。瓮暖和如常，春冬四日、秋夏五日成。

【注释】

①皇甫松《醉乡日月》：《醉乡日月》三卷，记载了酒令等内容。作者皇甫松，字子奇，唐代人。

②蠲（juān）：楚地方言。治愈。

【译文】

皇甫松《醉乡日月》记载说：松脂能治百病。每一斗糯米，配十四两松脂，再加二升糯米，掺在一起像粥那样煮。冷却后，加小麦做的酒曲一斤半，切成片，每片二三两重。然后用火烘干，捣成粉末，搅拌成酵。过五天后，做米饭，要做得稀一些，再将二十片酒曲用火烘

罗聘《钟馗醉酒图》

干，磨成粉末，将六斗五升水、酵、酒曲粉末、饭等一块搅拌，放入瓮中。保持常温，春冬天过四天，秋夏天过五天就制成了。

【点评】

常见的酒药配合的方法以酒下药或制作浸泡式的药酒，而本条中则是用松脂、酒曲等为原料制作保健类食物。至于其疗效和保健效果，倒是值得专家进行一番研究和开发。

又云：酒之酸者可变使甘。酒半斗，黑锡一斤①，炙令极热，投中，半日可去之矣。

【注释】

①黑锡：铅的别称。

【译文】

又说：酒变酸了，有办法可以让它变甜。每半斗酒用一斤铅，将铅烧到非常烫，投入酒中，半天时间就可以消除酸味。

【点评】

在制酒过程中，正确的目的是将

粮食原料中的淀粉（糖）发酵为乙醇，但如果发酵过度则会变为乙酸，而有酸味。用铅能否祛除酒中酸味，则无从得知。

《南史》记虞悰有鲭鲊[①]，云可以醒酒，而不著其造作之法。

【注释】

①《南史》：唐代李延寿撰。全书八十卷，记载了南朝宋、齐、梁、陈四个朝代的历史，编撰时主要依据《宋书》、《南齐书》、《梁书》、《陈书》删削而成，但也加入了一些新史料。由于卷帙减少而易读，颇受欢迎。虞悰（cóng）：字景豫，会稽余姚（今浙江余姚）人，生活于南朝宋、齐两代。鲭鲊（qīng zhǎ）：用腌鱼制作的鱼脍。

【译文】

《南史》记载虞悰有鲭鲊，说是可以醒酒，但没有记录它的制作方法。

【点评】

虞悰出身于南方士族名门，家中饶于资产，对于饮食极为讲究，是当时有名的美食家，山珍海味无所不尝。据说他家中的伙食珍异精善，甚至超过了皇宫。一次齐武帝萧赜想吃"扁米糷"，虞悰进献了扁米糷及几十种菜肴，味道超过了御厨烹饪的饭菜。虞悰对此颇为自负，将菜肴的烹饪方法视为珍秘，齐武帝亲自开口向他讨要，都不肯献出。只是在某次武帝酒醉不适时，才献出了醒酒鲭鲊的制作秘方。皮日休《青门闲泛》诗："醉来欲把田田叶，尽裹当时醒酒鲭。"用的就是虞悰的典故。

魏文帝诏曰[①]：且说蒲萄[②]，解酒宿醒，淹露汁多，除烦解热，善醉易醒。

【注释】

①魏文帝：即曹丕，字子桓，曹操之子。曹操死后，于220年称帝。在位7年，黄初七年

《醉卧图》

（226）死去，时年四十。曹丕雅好文学，与其父曹操、其弟曹植并称“三曹”，是建安文学的代表人物。

②蒲萄：即葡萄。

【译文】

魏文帝诏令说：再说葡萄，它能解宿醉，果汁充足，可以除烦解热，虽然易醉，但又易醒。

【点评】

此处《酒谱》的说法有误。本条引自曹丕《与吴质书》，而非诏书。曹丕是个葡萄爱好者，称“光是说到就已经忍不住流口水了，更别说实际去吃了”（道之固已流羡咽嗌，况亲食之耶）；在《与群臣诏》中，又说桂圆和荔枝都比不上葡萄（南方龙眼、荔枝，宁比西国葡萄、石蜜乎）。他还认为葡萄酒比粮食酒美味，容易醉人，但又容易醒酒。

《礼乐志》云“柘浆析朝酲”[①]，言甘蔗汁治酒病也。

【注释】

①《礼乐志》：指《汉书·礼乐志》。柘浆：即甘蔗汁。柘，通“蔗”。

【译文】

《礼乐志》称“甘蔗汁能解宿醉”，意思是说甘蔗汁能治醉酒。

【点评】

《汉书·礼乐志》原文为“泰尊柘浆析朝酲”。在古代，甘蔗又称“诸蔗”、“干蔗”。甘蔗能解酒，又见《南方草木状》。

《开元遗事》云[①]：兴庆池南有草数丛[②]，叶紫而茎赤。有人大醉过之，酒醉自醒。后有醉者摘而臭之[③]，立醒，故谓之醒醉草。

【注释】

①《开元遗事》：全名《开元天宝遗事》，五代后周王仁裕撰，记载唐玄宗开元天宝年间的传闻逸事，全书二卷。

②兴庆池：指兴庆宫，唐长安宫殿名。原为唐玄宗李隆基即位前的宅邸，李隆基登基后，进行了扩建，成为其主要的活动地。上世纪50年代，在其遗址上修建了遗址公园。

③臭（xiù）：用鼻子闻。

【译文】

《开元天宝遗事》称：兴庆宫池塘南侧有几丛草，叶紫而茎红。有人喝得大醉从那里经过，酒就醒了。后来有醉酒者摘草一闻，立刻清醒了，因此称之为“醒醉草”。

【点评】

如果真有这样的奇草，肯定会比“第二天好受一点”受人欢迎。

《五代史》云[1]：李德裕平泉有醒酒石[2]，尤为珍物，醉则踞之。

【注释】

①《五代史》：《五代史》有新旧两部，此处指欧阳修的《新五代史》。

②李德裕：字文饶，真定赞皇（今河北赞皇）人，晚唐政治家。

【译文】

《五代史》记载：李德裕在平泉有醒酒石，是特别珍奇之物，喝醉了就坐在上面。

【点评】

李德裕广采天下珍木奇石，放置于平泉别墅中。唐末战乱，平泉别墅也遭破坏。按《新五代史》，此石被后梁武将张全义手下的监军所得。

酒谱

外篇

饮器

上古洿尊而抔饮①，未有杯壶制也。

【注释】

①洿（wā）尊而抔（póu）饮：古代在地上挖坑当盛酒器，用手捧着酒喝。

【译文】

上古在地上挖坑盛酒，用手捧着喝，没有酒杯、酒壶这些器皿。

【点评】

此条出自《礼记·礼运》，但是否属实，很可怀疑。考古发现早已证明，在距今**7000～8000**年的新石器时代人类就已经普遍掌握了陶器的制作方法，在世界各自的史前人类遗址中已经有大量陶器出土，其中不乏可盛放液体的器具。所以说，古代人实无必要弃长取短，在地上刨坑喝酒。

《汉书》云：舜祀宗庙①，用玉斝②。其饮器与？然事非经见，且不必以贮酒，故予不达其事。

凤柱斝

【注释】

①舜：传说中的古代氏族首领，为“五帝”之一。姚姓，有虞氏，名重华。受禅于尧，后禅位于禹。宗庙：古代帝王诸侯祭祀祖先的庙宇。

②斝（jiǎ）：流行于商周时期的酒器，形制为两柱、三足、圆口，上有纹饰。用于盛酒、温酒，多用青铜制成。

【译文】

《汉书》称：舜在宗庙中祭祀，使用玉斝。玉斝大概是饮酒器吧？但此事未经亲眼目睹，而且玉斝并不一定是用来贮酒的，因此我对它不甚了然。

【点评】

斝起源于新石器时期，在商周时代，青铜斝除了作为生活中的盛酒器之外，还是重要的礼器。因此，祭祀时使用玉斝，从用途来说，是完全正确的。

《周诗》云[①]："兕觵其觩[②]。"

【注释】

①《周诗》：指《诗经》。因《诗经》成书于周代，故称。本条所引诗句出自《诗经·小雅·桑扈》，而"雅"是周王室用于朝堂之上的正乐，因此称之为"周诗"。

②兕觵（sì gōng）：流行于商代和西周前期的酒器，也称"角爵"。形制为腹椭圆形或方形，圈足或四足，一般呈带角兽头形状。觩（qiú）：兽角上曲貌。

【译文】

《诗经》写道："兕觵是那弯曲的样子。"

【点评】

《桑扈》描写的是周天子宴会群臣的场面，"兕觵其觩，旨酒思柔"，在肃穆的场合下，美酒与美器，相得益彰。

周王制：一升曰爵，二升曰斛，三升曰觯[①]，四升曰角[②]，五升曰散，一斗曰壶。别名有盏、斝、尊、杯，不一其号。或曰小玉杯谓之盏。或曰酒微浊曰醆[③]，俗书曰盏耳。由六国以来[④]，多云制卮，形制未详也。

【注释】

①觯（zhì）：流行于商代和西周初期的饮酒器。形状类似于樽而较小。

②角（jué）：古酒器。形状似爵而无柱，前后两尾沿口端斜出似角，有盖。

③醆（zhǎn）：原指白色浊酒，后通“盏”，指酒杯。

④六国：本指赵、魏、韩、齐、楚、燕六国，也代指战国时代。

象尊

【译文】

按照周代制度，盛一升酒的叫“爵”，二升酒的叫“觚”，三升酒的叫“觯”，四升酒的叫“角”，五升酒的叫“散”，一斗酒的叫“壶”。还有盏、斝、尊、杯等别名，称呼不一。有人说小玉杯称为“盏”。还有人说酒略微混浊叫“醆”，俗写为“盏”。自战国以来，多称之为制卮，它的形状如何不清楚。

【点评】

此条出自《礼记》郑玄注。

刘向《说苑》云[①]：魏文侯与大夫饮[②]，曰：“不尽者，浮以大白。”《汉书》或谓举盏以白醻，非也。

【注释】

①《说苑》：西汉刘向撰。是一部从各类典籍中抄录材料、然后加以分类编排的杂著杂纂类著作，意在于为统治者提供历史借鉴，揭示治国方略。全书二十卷，今存。

②魏文侯：名魏都，战国时代魏国的首位君主，在位50年（445—396）。在位期间任用李克、吴起等贤臣名将，多次击败秦国，国势强盛。

【译文】

刘向《说苑》称：魏文侯与大夫饮酒，说："谁不干杯，就罚酒一大杯。"《汉书》认为是举盏干杯，这说法是不对的。

【点评】

古代饮酒器按照形制与容量的不同，有着纷繁复杂的名称区分。其中盏属于体形较小的酒器。

丰干、杜举①，皆因器以为戒者，见《礼》②。

【注释】

①丰干：人名。不详。杜举：春秋时晋国大臣。

②《礼》：此处指《礼记》。

【译文】

丰干和杜举都是用酒器作戒的，事迹见于《礼记》。

【点评】

杜举的故事见《礼记·檀弓》。春秋时，晋国大夫荀盈死去，晋平公饮酒击钟。杜举责备平公，大臣去世，不应该奏乐。平公饮酒自罚，并说："我死后要将这个酒杯保留下去，警示后人。"饮酒自罚，是为了纠正不合乎礼法的行为，这个故事反映的还是古代"酒以成礼"的观念。

汉世多以鸱夷贮酒①。扬雄为之赞曰："鸱夷滑稽②，腹大如壶。尽日盛酒，人复藉酤。常为国器，托于属车。"

【注释】

①鸱（chī）夷：盛酒器。

②滑稽：古代的流酒器，酒在其中可以循环流动。

【译文】

汉代多用鸱夷贮藏酒。扬雄赞叹道："鸱夷与滑稽，腹大得像壶。每天用来盛酒，人们用它买卖酒。它们是国家的宝器，放置在随从天子出行的车上。"

【点评】

据说扬雄此语与前述"怪哉"的故事有关，而古代帝王出行带酒，当然不是为了应对"怪哉"之类的不虞之需，而是为了供其随时享乐。

鸱夷

《南史》有虾头杯，盖海中巨虾，其头甲为杯也。

【译文】

《南史》记载有虾头杯，是用海中大虾的头甲做成的酒杯。

【点评】

这里说的巨虾就是今天人们爱吃的龙虾，古人称之为"红虾"。唐代段公路的《北户录》中曾提及红虾，说它出产于潮州一带，大的有二尺长，当地人多用它制杯，但是虾头杯会自己摇动，吓得人们不敢使用。

《十洲记》云：周穆王时[1]，有杯名曰常满。

【注释】

①周穆王：名姬满，西周第五代君主，据《史记》，共在位55年。

周穆王会西王母

【译文】

《十洲记》称：周穆王时，有酒杯名为“常满”。

【点评】

穆王以喜好出游著称，《左传》说他“周行天下”，因此也就催生了诸多与他有关的传说，其中又以游昆仑山、会西王母的传说流传最广，演变最多。有趣的是，穆王的名字为姬满，常满杯可能就是由此附会出来的吧。

自晋以来，酒器又多云铛①，故《南史》有银酒铛。铛或作铛②。陈暄好饮③，自云：“何水曹眼不识杯铛④，吾口不离瓢杓。”李白云：“舒州杓，力士铛⑤。”《北史》云⑥：“孟信与老人饮⑦，以铁铛温酒。”然铛者本温酒器也，今遂通以为蒸饪之具云。

【注释】

①铛（chēng）：一种温酒器。

②铛（chēng）：形制类似于锅，但有耳有足。用途有两种，一为烧煮饭食，一为温热酒茶汤水，后者一般体积较小。

③陈暄：义兴国山（今江苏宜兴）人，南朝文人，死于陈后主时。

④何水曹：即南朝诗人何逊，字仲言，东海郯（今山东郯城）人。因曾任中卫建安王水曹行参军，而被称为“何水曹”，后又任尚书水部郎，故而亦称“何水部”。

⑤舒州杓（sháo），力士铛：此句出自李白《襄阳歌》。

⑥《北史》：唐代李延寿撰。全书一百卷，记载北魏、东魏、西魏、北齐、北周及隋代的历史，与同样出于李延寿之手的《南史》类似，据《魏书》、《北齐书》、《周书》、《隋书》删削而成。

⑦孟信：字修仁，广川索卢（今山东桓台）人，西魏时任东平太守。

【译文】

自晋代以来，酒器又多被称为“铛”，因此《南史》记载有银酒铛。铛有时也称为“铛”。陈暄好酒，自称：“何逊认不出杯铛，我是嘴离不开瓢杓。”李白写道：“舒州杓，力士铛。”《北史》记载：“孟信与老人饮酒，用铁铛温酒。”如此说来，铛原本是温酒器，现在则通用为炊具了。

【点评】

这里值得一说的是陈暄。他是南朝名将陈庆之之子，有文才，但仕途落魄，生性嗜酒，毫无节制。他是陈后主身边的近侍之臣，陈后主沉湎酒色，整日君臣欢宴纵饮，不成体统。陈暄仗着与后主关系亲密，行为轻慢，常有出格行为，逐渐遭致后主的忌恨。后来某次被后主借故责打，受惊吓而死。

“何水曹眼不识杯铛，吾口不离瓢杓”一句，出自他写给侄子陈秀的信。这封信文字轻薄滑稽，有诸如“当年周颤在东晋时一年只有三天是清醒的，我不觉得三天少；郑玄一次饮酒能喝三百杯，我不觉得多”（昔周伯仁度江唯三日醒，吾不以为少；郑康成一饮三百杯，吾不以为多）；“酒犹兵也。兵可千日而不用，不可一日而不备。酒可千日而不饮，不可一饮而不醉”之类的疯话狂话，但骨子里透着怀才不遇、老大无成的沉痛，说“我现在已是衰朽残年，仍旧默默无闻，我的才能不比颜回、原宪这些孔门弟子差，当政者却对我毫无了解，要是每天再不喝点美酒，叫我还靠啥活着呢？”（吾既寂寞当世，朽病残年，产不异于颜原，名未动于卿相，若不日饮醇酒，复欲安归？）古代帝王身边往往围绕着一群文学侍从，很是优待，实则不过是像豢养宠物一样，供其消遣解闷而已。陈暄就是陈后主身边的这种角色，对此陈暄又何尝不知，所以他表面放荡不羁，内心则哀痛沉重。

宋何点隐于武丘山①，竟陵王子良遗以嵇叔夜之杯、徐景山之酒铛②。

【注释】

①何点：字子晳，庐江灊县（在今安徽六安南）人，南朝隐士。武丘山：即苏州名胜虎丘山，唐代因避唐高祖李渊祖父李虎讳，称“武丘山”。

②竟陵王子良：南齐竟陵王萧子良，字云英，齐武帝第二子，喜结交文学之士。嵇叔夜：即嵇康，叔夜为其字。嵇康是魏晋时代著名的文学家、思想家，“竹林七贤”之一，为人洒落不羁，当时极负清望，因拒不与司马氏合作而被杀。徐景山：即三国时徐邈，已见上文。

《於越先贤像传赞》中的嵇康像

【译文】

刘宋时，何点在武丘山隐居，竟陵王萧子良送给他嵇康用过的酒杯、徐景山用过的酒铛。

【点评】

何点出身士族名门，祖父何尚之曾任刘宋政权的司空，但他终身不仕，与其兄何求一同隐居于虎丘山。他经常赶着柴车，穿着草鞋，漫无目的地出游，饮醉而返。后来何求去世，他禁断酒肉三年之久，据说消瘦了一半，可见兄弟间友爱之深。

《松陵唱和》有《瘿木杯》诗①，盖用木节为之。

【注释】

①《松陵唱和》：即《松陵集》，收录唐代诗人皮日休、陆龟蒙等人的唱和诗，由陆龟蒙编次，皮日休作序，分为十卷。松陵，即今江苏吴江，唐代有松陵镇，属苏州。集中所收诗作，均系作于陆龟蒙谒见苏州刺史崔璞时，故以松陵为名。瘿（yǐng）木杯：用瘿木制成的酒杯。瘿，指树木的结节如瘤者。

瘿木杯

【译文】

《松陵集》中有《瘿木杯》诗，说的是用木节制作的酒杯。

【点评】

所谓《瘿木杯》诗即皮日休《夜会问答》十之二：“瘿木杯，杉赘楠瘤刳得来。莫怪家人畔边笑，渠心只爱黄金罍。”古代的饮器，上古以青铜器、陶器为主，后来则多用陶瓷，此外玉器、漆器也较为常见。至于将瘿木这类原本被人弃之不用的废材制成酒杯，求的是质朴的野趣，体现的是追求天然浑成的雅人深致。

老杜诗云“醉倒终同卧竹根”①，盖以竹根为饮器也。见《江淹集》②。

【注释】

①老杜：即唐代大诗人杜甫。醉倒终同卧竹根：出自杜甫《少年行》之一，原诗作"共醉终同卧竹根"。

②《江淹集》：江淹字文通，济阳考城（今河南考城）人，南朝文学家，代表作为《别赋》、《恨赋》，今传《江文通集》十卷。

【译文】

杜甫诗中写道"醉倒终同卧竹根"，是说用竹根做酒杯。参见《江淹集》。

【点评】

对杜甫这句诗有不同的理解，有人认为是喝醉了一起躺在竹林旁的，竹根并不是酒杯。究竟谁是谁非，这里不加讨论。不过古代确有竹根制成的酒杯，如南北朝诗人庾信的《谢赵王赐酒》："野炉燃树叶，山杯棒竹根。"《太平寰宇记》引《蜀记》称："巴州以竹根为酒注子，为时珍贵。"《红楼梦》四十一回，宝玉、黛玉、宝钗三人去栊翠庵拜访妙玉，妙玉"寻出一只九曲十环一百二十节蟠虬整雕竹根的一个大海出来"，取笑宝玉牛饮海喝。

《古贤诗意图·饮中八仙》

唐人有莲子杯，白公诗中屡称之[①]。

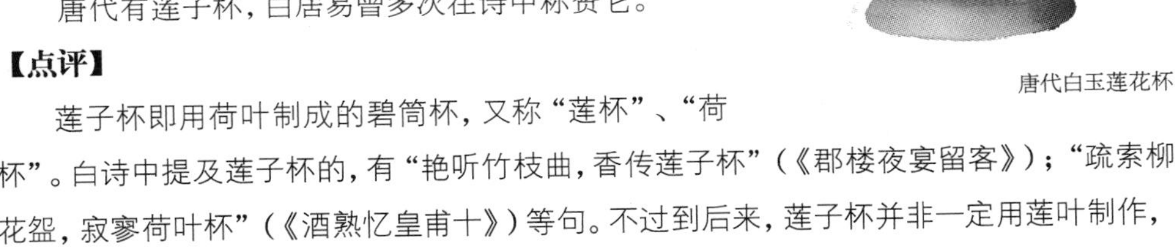

唐代白玉莲花杯

【注释】

①白公：指唐代诗人白居易。

【译文】

唐代有莲子杯，白居易曾多次在诗中称赞它。

【点评】

莲子杯即用荷叶制成的碧筒杯，又称“莲杯”、“荷杯”。白诗中提及莲子杯的，有“艳听竹枝曲，香传莲子杯”（《郡楼夜宴留客》）；“疏索柳花盌，寂寥荷叶杯”（《酒熟忆皇甫十》）等句。不过到后来，莲子杯并非一定用莲叶制作，只是取其外形，沿袭旧名而已。

乐天又云：“榼木来方泻，蒙茶到始煎[①]。”

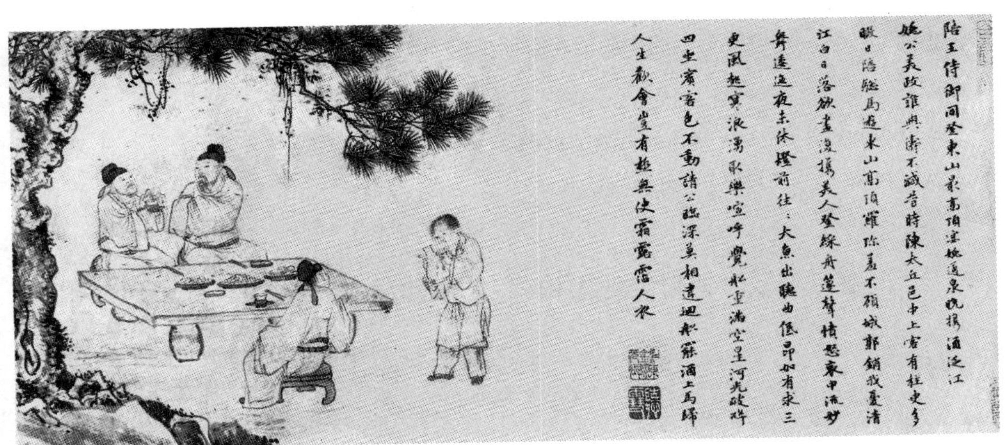

《古贤诗意图·东山夜宴》

【注释】

①榼（kē）木来方泻，蒙茶到始煎：出自《新昌新居书事四十韵因寄元郎中张博士》，原诗作“蛮榼来方泻，蒙茶到始煎”。榼，用于盛酒、水的器具。

【译文】

白居易又写道：“榼木来方泻，蒙茶到始煎。”

【点评】

除此诗之外，白居易还有《寄两银榼与裴侍郎因题两绝句》，专门吟咏榼这种器具。其二称：“惯和曲蘖堪盛否，重用盐梅试洗看。小器不知容几许，襄阳米贱酒升宽。”

李太白有《山尊》诗云[①]：“尊成山岳势，材是栋梁余。”

【注释】

①李太白：即唐代诗人李白。《山尊》即《咏山樽》。

【译文】

李白《山尊》一诗写道：“酒樽的形状有如山岳，用的是制作房梁所剩余的边角料。”

【点评】

李白《咏山樽》中称“蟠木不雕饰，且将斤斧疏”，可知山樽是木质的酒器，外形基本保持木料原有的形状，取其天然野趣。

今世豪饮，多以蕉叶、梨花相强[①]，未知出于谁氏。

【注释】

①蕉叶、梨花：均是酒杯之名。

【译文】

现在人豪饮，多用蕉叶杯、梨花杯劝酒，不知道这种风气是谁开创的。

【点评】

蕉叶、梨花都是小酒杯，与窦苹同处北宋的陆元光在《回仙录》中称："饮器中，惟钟鼎为大，屈卮、螺杯次之，而梨花、蕉叶最小。"宋代饮酒多用小杯，应是与酿酒技术进步、酒的度数增高有关。

诃陵国以鲎鱼壳为酒尊[①]，事见《松陵唱和诗》[②]，云："用合对江螺。"

【注释】

①鲎(hòu)鱼：又名"马蹄蟹"，海洋节肢动物，被称为活化石，可食用。

②《松陵唱和诗》：即《松陵集》。

【译文】

诃陵国的人用鲎鱼壳做酒杯，此事见于《松陵集》，称："用合对江螺。"

【点评】

人类自史前时代以来，就使用动物的骨壳制作各类生产、生活器具。

唐韩文公《寄崔斯立》诗云[①]："我有双饮盏，其银得朱提[②]。黄金涂物象，雕琢妙工倕[③]。乃令千钟鲸，么麽微螽斯[④]。犹能争明月，摆棹出渺弥[⑤]。野草花叶细，不辨赍菉葹[⑥]。绵绵相纠结，状似环城陴[⑦]。四隅芙蓉树，擢艳皆猗猗[⑧]"云云。皆以兴喻，故历言其状如此。今好事者多按其文作之，名为"韩杯"。

【注释】

①韩文公：即唐代文学家、思想家韩愈。《寄崔斯立》诗：此诗题本为《寄崔二十六立之》，全诗很长，此处为节引。

②朱提：指自产于云南昭通县朱提山的优质白银。

③倕（chuí）：传说中与尧同时的巧匠。

④么麽：微小，细微。螽（zhōng）斯：虫名。

⑤棹（zhào）：船桨。渺弥（mǐ）：水势空旷高远的样子。

⑥薋（cí）：草名。即蒺藜。菉（lù）：草名。叶片似竹叶，因此也称“菉竹”。葹（shī）：草名。即卷耳，菊科植物，又称“苍耳”。

⑦陴（pí）：古代城墙上呈凹凸形的小墙，即女墙。

⑧擢（zhuó）艳：草木欣欣向荣。猗猗（yī）：美盛的样子。

【译文】

唐代韩愈《寄崔斯立》一诗写道：“我有两只酒杯，是朱提银制作的。上面用黄金涂成物象，雕琢的手艺比巧匠倕还要高超。可以将那庞大的鲸，雕成螽斯那么大。银杯的光

文征明《修禊图》

八棱人物金杯

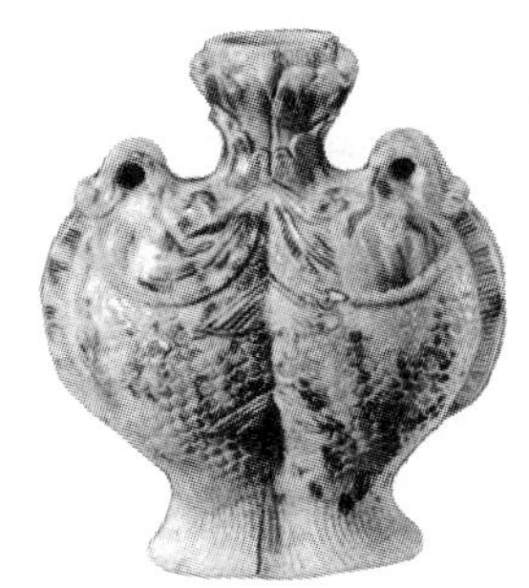

三彩双鱼陶壶

辉足以与月光相媲美。上面还雕有各色野草野花，由于太过细巧，无法辨认是哪种花草。各种雕饰连环相接，像那城墙上的女墙。四角所雕刻的芙蓉树，葱郁挺拔。”以上这些都是昔物比喻，详细地描述酒杯的形状。现在有很多爱好者根据诗句制作酒杯，取名为“韩杯”。

【点评】

金庸在《天龙八部》中曾纵论酒器，林林总总，令人目不暇接。而从韩愈的诗歌中，我们足以想见唐代银器的巧夺天工。

西蜀有酒杯藤，大如臂，叶似葛，花实如梧桐。花坚可酌，实大如杯，味如豆蔻，香美。土人持酒来藤下，摘花酌酒，乃实消酒。国人宝之，不传中土。事见张骞《出关志》①。

【注释】

①张骞《出关志》：张骞，西汉武帝时人，奉命出使西域，联合月氏（ròu zhī）打击匈奴，途中被匈奴俘虏扣押十余年，后乘机西逃，前往西域，虽未能完成最初联合

月氏的使命，但凿通西域，使中原地区与西域建立起了联系。《出关志》情况不详，今已不传。

【译文】

西蜀有酒杯藤，大小接近人的手臂，叶子像葛，花和果实像梧桐。它的花朵质地坚硬，可以当酒杯使，果实有酒杯那么大，味道像豆蔻那样香美。当地人带着酒到藤下，摘花盛酒，吃果实解酒。当地人视之宝物，不让它流入中原。这事参见张骞的《出关志》。

【点评】

古代典籍中所记载的远方奇物，往往夸大不实。比如这里出现的酒杯藤，就不见于今。不过，倘若真有这样果实可以下酒、花朵可以盛酒的植物，一定是非常奇妙而受人喜爱的。

酒谱

外篇

酒令

《诗·雅》云[①]："人之齐圣[②]，饮酒温克。"又云："既立之监，或佐之史[③]。"然则酒之立监史也，所以已乱而备酒祸也。后世因之，有酒令焉。

【注释】

①《诗·雅》：此处所引诗句出自《诗经·小雅·小宛》。

②齐（jì）圣：聪明睿智。齐，敏捷迅速。圣，聪明。

③既立之监，或佐之史：出自《诗经·小雅·宾之初筵》。

【译文】

《诗经·小雅》写道："那聪明睿智的人啊，喝酒是那么的克制有礼。"又写道："设立了酒监，再设立史辅助他。"如此说来，设立掌管酒事的监、史，是为了防止饮酒引发的祸乱。后世承袭这一做法，就有了酒令。

【点评】

《诗经》是根植于周代礼乐文明的产物，而周人最讲究温文尔雅，以礼行事，进退有度，对于饮酒也有详细的礼的规定。首先不能无故饮酒，如前文提及的周公《酒诰》；其次，饮酒不能过量，一般以三杯为限；再次，即便喝醉了，仍要保持仪态，即所谓"温克"。对

汉壁画《行令图》

于纵酒无度，饮酒乱性的行为，周人是严厉否定的。比如此处所引用的《宾之初筵》，按古人的解释，是卫武公所作以讽刺饮酒无度失德败礼的，因此诗中对饮酒的礼有详细的描述。

首先，在入席时要肃静而遵守秩序（“宾之初筵，左右秩秩”），餐具酒具必须排放整齐。饮酒时，必须仪礼整齐划一（“饮酒孔偕”）。敬酒时，要按照次序（“举酬逸逸”），而且不能频繁劝酒，更不能灌酒（“式勿从谓”）。此外，还要“既立之监，或佐之史”，监用来防止失礼，史用来记录酒醉失态，以警示后人。可见周人饮酒规矩的严格。但到了后世，酒令却逐渐变为鼓励人多喝的助兴节目，与其初衷背道而驰。

魏文侯饮酒，使公乘不仁为觞政[①]。其酒令之渐乎？

【注释】

①公乘不仁：战国时魏国客卿。觞政：行酒令时的令官。

【译文】

魏文侯在饮酒时让公乘不仁担任“觞政”。这大概就是酒令的发端吧？

【点评】

故事出自西汉刘向《说苑·善说》，魏文侯规定不饮尽者罚酒一大杯，结果自己不胜酒力，未能干杯。于是公乘不仁便要罚酒，并且称国君既已制订法令，就必须令行禁止，任何人都不能违反。文侯认为他说得有理，于是自罚一大杯，宴会结束后还提拔公乘不仁为“上客”。此外，监酒令者有多种称呼，可称为“酒纠”，也可称为“瓯宰”、“觥录事”。

汉初，始闻朱虚侯以军法行酒[①]。

【注释】

①朱虚侯：朱虚侯刘章，汉高祖之孙，齐悼惠王刘肥少子，后进爵城阳王。

【译文】

汉代初，朱虚侯刘章以军法行酒令。

【点评】

“刘章监酒”是《史记》中的名场面。刘邦死后，惠帝生性软弱，大权落到了母亲吕后的手中。吕后大封诸吕，刘邦辛辛苦苦打下的江山有被篡夺的可能。即便是朝中勋旧大臣，对此也无可奈何，只有年方二十的刘章偏不买帐。按说吕后对刘章不薄，朱虚侯的爵位是吕后所封，还将吕禄的女儿嫁给刘章为妻。但是刘章对诸吕横行、刘氏子孙反而低声下气的局面就是很不忿。

某次吕后聚众宴饮，命刘章为酒吏。刘章称自己是将门之后，要以军法行酒，得到了吕后的许可。酒到酣处，吕氏家族的某人不胜酒力，从席上开小差跑了，被刘章逮个正着。于是借着军法监酒的名义，将那人先斩后奏，举朝震惊，吕后也无可奈何。从此刘章名声大震，诸吕望而生畏。吕后死后，刘章在诛灭吕氏的政变中也发挥了很大作用。

“刘章监酒”的故事对通俗文艺也产生了影响，京剧传统剧目《监酒令》就是以此故事为素材的。在《三国演义》第四十五回《三江口曹操折兵　群英会蒋干中计》中，赤壁大战前，曹操派周瑜的故交蒋干劝降。周瑜心知肚明，设酒款待，却命令猛将太史慈以军法监酒，席上只许谈友情旧事，不许谈当前的战局公事。太史慈怒目圆睁，按剑而坐，吓得蒋干战战兢兢，不敢说话。——这一情节的设置，未尝不是受了刘章故事的启发和影响。

逸诗云“羽觞随波流”①，后世浮波疏泉之始也。

【注释】

①逸诗：指已经散佚的上古诗歌。羽觞：古代酒器。杯端左右张开像鸟的两翼，因此得名。或称古人饮酒，在觞旁插鸟羽，催人速饮。

《兰亭图》

【译文】

逸诗称“羽觞随着水波流动”，这便是后代浮波疏泉的肇始。

【点评】

所谓“羽觞随波流”，是古人的一种劝酒游戏，将酒杯置于缓慢流动的水面上，任其漂流，停在谁的面前，那人便须一饮而尽。这种游戏又称“流觞曲水”，见王羲之《兰亭集序》：“此地有崇山峻岭，茂林修竹，又有清流激湍，映带左右，引以为流觞曲水，列坐其次。”

唐柳子厚有《序饮》一篇[①]，始见其以洄溯迟驶为罚爵之差，皆酒令之变也。又有藏钩之戏，或云起于钩弋夫人[②]。有国色而手拳，武帝自披之，乃伸。后人慕之而为此戏。白公诗云“徐动碧芽筹”，又云“转花移酒海”。今之世，酒令其类尤多。有捕醉仙者，为禺人，转之以指席者；有流杯者[③]，有总数者，有密书一字使诵诗句以抵之者；不可殚名。昔五代王章、史宏肇之燕[④]，有手势令[⑤]。此皆富贵逸居之所宜。若幽人贤士，既无金石丝竹之玩[⑥]，惟啸咏文史，可以助欢，故曰“闲征雅令穷经史，醉听新吟胜管弦”[⑦]。又云：“令征前事为，觞咏新诗送。”今略志其美而近者于左：

有对句者：孟尝门下三千客，大有同人；湟水渡头十万羊，未济小畜。

又云：钼麑触槐死，作木边之鬼；豫让吞炭，终为山下之灰。

又云：夏禹见雨下，使李牧送木履与萧何，萧何道何消；田单定垦田，使贡禹送禹贡与李德，李德云得履。

又云：寺里喂牛僧茹草，观中煮菜道供柴。

又曰：山上采黄芩，下山逢着老翁吟，老翁吟云，白头搔更短，浑欲不胜簪。上山采交藤，下山逢着醉胡僧，醉胡僧云，何年饮着声闻酒，直到而今醉不醒。山上采乌头，下山逢着少年游，少年游云，霞鞍金一骝，豹袖紫貂裘。

又云：碾茶曹子建，开匣木悬壶。

马援以马革裹尸，死而后已；李耳指李树为姓，生而知之。

江革隔江，见鲁般般橹；李员园里，唤蔡释释菜。

拆字为反切者[⑧]：矢引，矧；欠金，钦。

名字相反切者：干谨字巨引，尹珍字道真，孙程字雅卿。

古人名姓点画绝省者：宇文士及，尔朱天光，子州友父，公父文伯，王子比干，王士平，吕太一，王子中，王太丘，江子一，于方，卜巳，方干，王元，江乙，文丘，丁乂，卜式，王丘。

字画之繁者：苏继颜，谢灵运，韩麒麟，李继鸾，边归说，栾黡，鳞鑵，萧鸾。

声音同者：高敖曹，田延年，刘幽求。

字画类者：田甲，李季。

臺字去吉增点成室，居字去古增点成户。

火炎昆冈，山出器车，土圭卦国。

百全之士十万，五刑之属三千。

荡荡乎民无能名，欣欣焉人乐其性。

公子牟身在江湖，心游魏阙；郑子真耕于谷口，名动京师。

前徒倒戈以北，长者扶义而东。

运天德以明世，散皇明而烛幽。

【注释】

①柳子厚：即唐代文学家柳宗元，子厚为其字。

②钩弋(yì)夫人：汉武帝宠妃，汉昭帝生母。昭帝五岁时被立为太子，武帝担心出现太后临朝的局面，逼迫钩弋夫人自杀。

③流杯：即上面提及的“曲水流觞”。

④王章：五代时人。史宏肇：五代后汉权臣。

⑤手势令：又称“招手令”、“喧拳”，唐代即有，类似于现在常见的划拳。

⑥金石丝竹：指音乐。金石原指钟磬类乐器，丝竹原指管弦乐器，是根据制作乐器所用的材料而言的。

⑦闲征雅令穷经史，醉听新吟胜管弦：出自白居易《与梦得沽酒闲饮且约后期》，梦得即唐代诗人刘禹锡。

⑧反切：古代注音方法，形式为取一字（切上字）的声母和另一字（切下字）的韵母及声调，说明被注音字（被切字）的读音。如文中，矧为被切字，知为切上字，引为切下字。

【译文】

唐代的柳宗元写过一篇《序饮》，其中首次提到以酒杯在水面漂浮的速度快慢作为罚酒的标准，这都是酒令的变种。还有一种“藏钩”的游戏，据说源自钩弋夫人。钩弋夫人非常漂亮，但手掌拳曲，无法伸开，汉武帝亲自为她分开，手才伸开了。后人仰慕此事而创设了这种游戏。白居易有“徐动碧芽筹”、“转花移酒海”之句，说的就是藏钩。现在酒令的种类尤其繁多。有一种叫“捕醉仙”，方法是转动一个玩偶，停下来时指到谁就罚那人喝酒；还有“流杯”、“总数”，以及暗中写一字让人吟诵诗句的，种类众多，无法一一列举。以前五代时王章、史宏肇举办酒宴，有手势令。这些就是适合于富贵人家闲居时的消遣。倘若是幽人贤士，既没有音乐可供娱乐，只有靠吟诵文史来助兴，因此说“闲时穷尽经史创作雅致的

酒酬

酒令，喝醉了听听新吟成的诗句，其快乐胜过管弦奏乐”。又有说法称：“搜集掌故编成酒令，边喝边咏吟唱新诗。”以下就列举一些文辞典雅的酒令：

“论语玉烛”酒酬

有对对子的酒令：孟尝门下三千客，大有同人；湟水渡头十万羊，未济小畜。

又有：钽麑触槐死，作木边之鬼；豫让吞炭，终为山下之灰。

又有：夏禹见雨下，使李牧送木履与萧何，萧何道何消；田单定垦田，使贡禹送禹贡与李德，李德云得履。

又有：寺里喂牛僧茹草，观中煮菜道供柴。

又有：山上采黄芩，下山逢着老翁吟，老翁吟云，白头搔更短，浑欲不胜簪。上山采交藤，下山逢着醉胡僧，醉胡僧云，何年饮着声闻酒，直到而今醉不醒。山上采乌头，下山逢着少年游，少年游云，霞鞍金一骝，豹袖紫貂裘。

又有：碾茶曹子建，开匣木悬壶。

马援以马革裹尸，死而后已；李耳指李树为姓，生而知之。江革隔江，见鲁般般橹；李员园里，唤蔡释释菜。

有将一字拆为两字，又恰好能反切出原字的：矢引，矧；欠金，钦。

有人名恰好成反切的：干谨字巨引，尹珍字道真，孙程字雅卿。

有古人姓名笔画极少的：宇文士及，尔朱天光，子州友父，公父文伯，王子比干，王士平，吕太一，王子中，王太丘，江子一，于方，卜巳，方干，王元，江乙，文丘，丁乂，卜式，王丘。

有姓名字画繁多的：苏继颜，谢灵运，韩麒麟，李继鸾，边归说，栾黡，鳞罐，萧鸾。

《陶令醉酒图》

有字音近似的：高敖曹，田延年，刘幽求。

有笔画字形相近的：田甲，李季。

臺字去吉增点成室，居字去古增点成户。

火炎昆冈，山出器车，土圭卦国。

百全之士十万，五刑之属三千。

荡荡乎民无能名，欣欣焉人乐其性。

公子牟身在江湖，心游魏阙；郑子真耕于谷口，名动京师。

前徒倒戈以北，长者扶义而东。

运天德以明世，散皇明而烛幽。

【点评】

从本条可以看出，古代酒令种类之繁多，有的近于诗歌，比如联句成对；更多的则是各类文字游戏。总之，在小小酒令中透着知识性与趣味性，也体现出古人将生活艺术化的雅趣。

今人多以文句首末二字相联，谓之粘头续尾。尝有客云“维其时矣”，自谓文句必无矣字居首者，欲以见窘。予答：“矣焉也者。”矣焉也者，决辞也，出柳子厚文①。遂浮以大白。

【注释】

①矣焉也者，决辞也，出柳子厚文：“矣焉也者，决辞”，出自柳宗元《复杜温夫书》，原文为：“所谓乎、欤、耶、哉、夫者，疑辞也；矣、耳、焉、也者，决辞也。”决辞：表示肯定语气的助词。

【译文】

现在人行酒令时，常玩文句首尾二字相连的游戏，称之为“粘头续尾”。曾经有客人说“维其时矣”，自认为文句中没有以“矣”字开头的，想要让我难堪。我回答说：“矣焉也者。”矣焉也者是决辞，出自柳宗元的文章。客人无以应对，干了一大杯酒。

【点评】

“粘头续尾”就是今日在酒桌上常见的接龙游戏。如果仔细追寻，历史不仅意味着过去，我们今天生活中的很多事物，或是直接传承，或是受其影响。酒桌上的游戏就是一例。

投壶图

白公《东南行》云：“鞍马呼教住，骰盘喝遣输。长驱波卷白，连掷采成卢。”注云：“骰盘、卷白波、莫走、鞍马，皆当时酒令，法未详。”盖元白一时之事尔[①]。

【注释】

①元白：元指元稹，字微之，洛阳（今河南洛阳）人，唐代著名诗人。白，指白居易。元稹与白居易为诗友，互相唱和，两人齐名，称“元白”。

【译文】

白居易《东南行》写道：“鞍马呼教住，骰盘喝遣输。长驱波卷白，连掷采成卢。”注释称：“骰盘、卷白波、莫走、鞍马，这些都是当时的酒令，规则不详。”这些都是元稹、白居易那个时代的事物。

【点评】

这里所说的“骰盘”、“卷白波”、“莫走”、“鞍马”等酒令，虽然不得其详，但是从诗意揣摩，这些游戏可能近乎掷骰子、划拳之类。

《国史补》称郑弘庆始创“平素精看”四字令，未详其法。

【译文】

《国史补》称郑弘庆始创“平素精看”四字令，不知道玩法是怎样的。

【点评】

人类生活中有很多精彩的部分，都被时间逐渐冲刷得不见踪影。现在各地保护“非物质文化遗产”蔚然成风，酒令其实也是这种遗产之一，可惜现在尚未有人充分意识到。

酒谱

外篇

酒之文

有大人先生①，以天地为一朝，万期为须臾，日月为扃牖②，八荒为庭衢。行无辙迹，居无室庐，幕天席地，纵意所如。止则操卮执觚，动则挈榼提壶。唯酒是务，焉知其余。有贵介公子，缙绅处士，闻吾风声，议其所以。乃奋袂扬襟，怒目切齿，陈说礼法，是非蜂起。先生于是方捧罂承槽③，衔杯漱醪，奋髯箕踞，枕曲藉糟，无思无虑，其乐陶陶。兀然而醉，豁尔而醒。静听不闻雷霆之声，熟视不睹泰山之形，不觉寒暑之切肌，利欲之感情。俯观万物，扰扰焉若江海之载浮萍；二豪侍侧，焉如蜾蠃之与螟蛉。

高逸图

【注释】

①“有大人先生”至段末：本段为刘伶《酒德颂》。

②扃（jiōng）牖（yǒu）：门窗。扃，门。牖，窗户。

③罂（yīng）：古代的盛酒器。

【译文】

有位大人先生，将天地当作一天，将万年当成刹那，以日月为门窗，以八荒为庭院。他外出不留踪迹，居住不用房屋，以天为帐，以地为席，行事随心所欲。他休息时拿着卮和觚，行动时也提着榼与壶。整日只是饮酒，根本不关心其他。有贵人公子、士人隐士，听说关于他的传闻，议论我的所作所为。他们态度激愤，咬牙切齿，陈说礼法，引发是非的争论。此时那位大人先生捧着罂盛酒糟，叼着杯子饮酒，散着胡须，箕踞而坐，枕着酒曲，靠着酒糟，无忧无虑，其乐陶陶。他突然醉倒，又豁然醒来，没有一定。他用心倾听也听不到雷霆之巨响，注目细看也看不见泰山的形状，感觉不到寒暑对肌肤的刺激、利欲对人心的诱惑。俯视天下万物，纷纷扰扰如同江海飘着浮萍；公子士人在他身边，两相对比，比那蜾蠃与螟蛉还不如。

【点评】

如果说《五柳先生传》是隐者的自传，那么这篇《酒德颂》则是酒徒醉余用疏懒的笔法画出的自画像。

《醉乡记》云[①]：醉之乡不知去中国其几千里。其土旷然无涯，无丘陵阪险。其气和平一揆，无晦朔寒暑；其俗大同，无邑居聚落。其人湛静，无忧憎喜怒，吸风饮露，不食五谷。其寝于于，其行徐徐。与鸟兽鱼鳖杂处，不知有舟车器械之用。昔者黄帝氏尝获游其都，归而沓然弃天

下，以为结绳之政已薄矣。降及尧舜，作为千钟百壶之献，因姑射神人以假道[2]，盖至其边鄙，终身太平。禹汤立法，礼繁乐杂，数十代与乡隔。其臣羲和弃甲子而逃[3]，鲧臻其乡[4]，失路而道夭，故天下遂不宁。至乎子孙桀纣，怒而升其糟丘，阶级千仞，南面望幸，不见醉乡。武王得志于世，乃命公旦立酒人氏之职[5]，司典五齐，拓土七千里，几与醉乡达焉，二十年刑不用。下逮幽厉，讫乎秦汉，中国丧乱，遂与醉乡绝矣。而臣下之爱道者亦往往窃至焉。阮嗣宗、陶渊明十数人等，并游于醉乡，没身不返，死葬其壤，中国以为酒仙云。嗟呼！醉乡氏之俗，岂华胥氏之国乎[6]？何其淳寂也如是。今余将游焉，故为之记。

【注释】

①《醉乡记》：唐代王绩的作品。

②姑射（yè）神人：《庄子·逍遥游》中描写的神人，吸风饮露，不食五谷。姑射，山名，在山西临汾。

《韩熙载夜宴图》

③羲和：古代神话中驾御日车的神。

④鲧（gǔn）：传说中大禹的父亲，因治水失败而被舜处死。

⑤公旦：即周公，名姬旦。

⑥华胥氏之国：传说中民风淳朴自然的古国。

【译文】

《醉乡记》写道：醉乡距离中原不知有几千里远。那里地势平坦无垠，没有山陵险阻。气候平和，没有晦朔冷热的变化；风俗有如大同世界，没有村落都市。人们心态平静，没有忧怒爱憎，吸风饮露，不食五谷。睡觉悠悠自得，走路不紧不慢。与鸟兽鱼鳖居住在一起，不知道使用舟车器械。从前黄帝曾到醉乡的都城出游，回来后茫然若失，放弃了君主之位，认为自己的结绳之政，相比醉乡，可谓浅薄。之后的尧舜准备了千钟百壶的酒去献礼，向姑射的神人借道，曾到达醉乡的边境，因此终身保持太平盛世。夏禹、商汤设立法制，礼仪繁琐音乐芜杂，数十代与醉乡隔绝。他们的大臣羲和，抛下掌管时间的重任逃向醉乡，鲧前往醉乡，半途迷路而夭折，从此天下不得安宁。到了禹、汤的后代桀、纣，趾气昂扬，登上糟丘，阶梯有千仞之高，向南远望，最终也没有看到醉乡。周武王达成了统一天下的大志，于是命令周公设了酒人氏这一官职，掌管五齐，开拓国土七千里，几乎与醉乡相连，因此二十年间不用刑法。之后到了幽、厉二王，直到秦汉，中原一直大乱，于是与醉乡隔绝。不过臣子中喜欢求道的人也往往私下进入醉乡。阮籍、陶潜等十数人都曾游于醉乡，终身不返，死后便安葬在那里，中原人认为他们是酒仙。啊呀！醉乡的风俗，不正像华胥国那样么？它何以能否如此淳朴寂寞呢。现在我将要前往醉乡，于是写下这篇记。

【点评】

《醉乡记》是王绩的名作。文中洋溢着自然淳朴、清静无为的气息，明显透露出道家思想对他的深厚浸染。而在艺术风格上，有形无形之间，《醉乡记》明显受到《桃花源记》的影响。所不同的是，《醉乡记》行文亦庄亦谐，荒诞意味浓厚。

酒谱

外篇

酒之诗（存目）

后　记

予行天下几大半，见酒之苦薄者无新涂，以是独醒者弥岁。因管库余闲，记忆旧闻，以为此谱。一览之以自适，亦犹孙公想天台而赋之①，韩吏部记画之比也②。然传有云，图西施、毛嫱而观之③，不如丑妾可立御于前。览者无笑焉。甲子六月既望日④，在衡阳，次公窦子野题。

【注释】

①孙公想天台而赋之：孙公指晋代文学家、思想家孙绰，曾写作《游天台山赋》。

②韩吏部记画：韩吏部指唐代文学家、思想家韩愈，他曾任吏部侍郎。记画，指韩愈的散文《画记》。

③毛嫱（qiáng）：春秋时期越国的美女，与西施同时齐名。

④既望日：指满月后后一天，即农历十六日。

【译文】

我行踪遍布大半个天下，遇上劣酒也无法可想，因此长年独自清醒。趁着管库的闲暇，回忆以前所知所闻，写下了这本《酒谱》。有时顺手翻翻娱乐自己，就好比孙绰向往天台山而作赋，韩愈写作《画记》那样。不过有言道，画西施、毛嫱欣赏，比不上有丑妾在旁可供使唤。希望读者不要笑话我。甲子年六月既望日，次公窦子野在衡阳题。

《迎亲庆贺饮酒图》

附录　历代目录著作对窦苹及《酒谱》的记载

《唐书音训》四卷

右皇朝窦苹撰。《新书》多奇字，观者必资训释。苹问学精博，发挥良多，而其书时有攻苹者，不知何人附益之也。苹，元丰中为详断官。相州狱起，坐议法不一，下吏。蔡确笞掠之，诬服，遂废死。（宋·晁公武《郡斋读书志》卷七）

《唐书音训》四卷

宣义郎汶上窦苹叔野撰。（宋·陈振孙《直斋书录解题》卷四）

《酒谱》一卷

汶上窦苹叔野撰。其人即著《唐书音训》者。（《直斋书录解题》卷十四）

《酒谱》一卷　浙江鲍士恭家藏本

宋窦苹撰。苹字子野，汶上人。晁公武《读书志》载苹有《新唐书音训》四卷，在吴缜孙甫之前，当为仁宗时人。公武称其学问精博，盖亦好古之士。别本有刻作“窦革”者，然详其名字，乃有取于《鹿鸣》之诗，作“苹”字者是也。其书杂叙酒之故事，寥寥数条，似有脱佚。然《宋志》著录，实作一卷。观其始于酒名，终于酒令，首尾已具，知原本仅止于此。大抵摘取新颖字句，以供采掇，与谱录之体亦稍有不同。其引杜甫《少年行》“醉倒终同卧竹根”句，谓以竹根为饮器。考庾信诗有“山杯捧竹根”句，苹说不为杜撰。然核甫诗意，究以醉卧竹下为是。苹之所说，姑存以备异闻可也。（清《四库全书总目》卷一一五）

《酒谱》一卷　百川学海本

宋窦苹撰。苹，字子野，汶上人。《四库全书》著录。《书录解题》杂艺类、《通考》

农家类、《宋志》农家类俱载之。是书杂录酒之故实，凡十二篇，一酒之源，二酒之名，三酒之事，四酒之功，五温克，六乱德，七诫失，八神异，九异域，十性味，十一饮器，十二酒令。大抵字句取其新颖，以供词章之用，故与谱录之体稍殊。后有总论，题甲子六月，当是仁宗天圣二年也。《说郛》、《唐宋丛书》俱作窦革撰，皆字之误也。（清周中孚《郑堂读书记》卷五十）

嘉锡案：《直斋书录解题》卷十四云："《酒谱》一卷，汶上窦苹叔野撰。（子野原作叔野，据《通考》卷二百十八引改。）其人即著《唐书音训》者。"则两书之出自一人，固有明据。衢本《郡斋读书志》卷七云："《唐书音训》四卷。皇朝窦苹撰。（"苹"原作"𦳝"，汪士钟刻本据袁本改，《书录解题》卷四云宣义郎汶上窦苹叔野撰。）《新书》多奇字，观者必资训释。苹问学精博，发挥良多，而其书时有攻苹者，不知何人附益之也。苹，元丰中为详断官。相州狱起，坐议法不一，下吏。蔡确笞掠之，诬服，遂废死。"《通考》卷二百引至"附益之也"止，无"苹元丰中"以下云云。袁本卷二下则只著姓名，更无余语。《提要》未见衢本，故不能知苹之始末也。（刘跂《学易集》卷三有《次窦子野韵》一首。）蔡确起相州狱事在元丰元年戊午，《涑水纪闻》（卷十五）、《续资治通鉴长编》（卷二百八十七、卷二百八十九、卷二百九十）纪之剧详，亦略见于《宋史》上官均及刘奉世传。《宋史》作"窦莘"或"窦革"，《纪闻》作"窦平"，皆传写之误。（沈作喆《寓简》卷七正作"苹"。）史云莘等卒无罪，《纪闻》止记刘奉世等降官，不言窦苹等如何行遣，惟《续长编》云"详断官窦苹追一官勒停"，而《读书志》谓苹遂废死。考是书后有苹自跋云："因管库余闲，记忆旧闻，以为此谱。"末题甲子年六月在衡阳次公窦子野题。甲子为元丰七年，距苹勒停时已久。管库者，监当官之别称，如监粮料院、监库、监仓、监盐、监酒、监茶之类皆是。（《东轩笔录》卷十三云："祖宗朝赤县管库，犹差馆职，故钱易知开封县，孙仅知浚仪县，韩魏公琦监左藏库，皆馆职也。"此监当官称管库之明证。）苹盖起自谪籍，为衡阳县监当。《续长编》卷四百五十四元祐六年正月，有大理司直窦苹等言大理寺事，则苹在元祐间已复为大理寺官，未尝竟以废死。《读书志》之言，殆传闻失实也。苹所著，除《唐书音训》及此书外，尚有《载籍讨源》一卷、《举要》二卷，《宋史·艺文志》文史类著录，则其人盖博雅之士矣。（民国·余嘉锡《四库提要辨证》卷十四）